Ausgewählte Kapitel aus der Physik

Nach Vorlesungen an der Technischen Hochschule in Graz

Von

K. W. Fritz Kohlrausch

In fünf Teilen

I. Teil: Mechanik

Mit 35 Textabbildungen

Zweite, verbesserte Auflage

Springer-Verlag Wien GmbH 1951

ISBN 978-3-211-80213-7   ISBN 978-3-7091-3841-0 (eBook)
DOI 10.1007/978-3-7091-3841-0

Vorwort zur ersten Auflage.

Ähnlich wie in den Jahren nach 1918 ist auch jetzt wieder der Zustrom der Hörer zu den Hochschulen vervielfacht. Viel weniger noch als schon in normalen Zeiten ist es selbst an kleinen Hochschulen möglich, sich mit der Ausbildung dem Einzelnen anzupassen. Wieder sind die Hörer durch die Ungunst der äußeren Umstände nur zu häufig behindert, die Vorlesungen regelmäßig zu besuchen und sich lückenlose Unterlagen zum Studium für die vorgeschriebenen Prüfungen selbst zu beschaffen. Als besonders erschwerender Umstand tritt aber diesmal der empfindliche Mangel hinzu, der an greifbaren Lehrbüchern und sonstigen Studienbehelfen herrscht.

Diese Verhältnisse bewogen mich, meinen langjährigen grundsätzlichen Widerstand aufzugeben und mich zur Herausgabe von „Skripten" zu entschließen. Sie entstanden durch die in Zeitnot ausgeführte Bearbeitung der Notizen zu meinen an der Technischen Hochschule in Graz gehaltenen Vorlesungen, die ein zweisemestriges, je vierstündiges allgemeines Kolleg für Maschinenbauer, Elektrotechniker, Bauingenieure und Chemiker, sowie ein einsemestriges dreistündiges Kolleg für Chemiker (im 7. Semester) über „Aufbau der Materie" umfassen.

Es gibt zahlreiche gute Lehrbücher für Physik, die als Studienbehelf in Betracht kommen, derzeit aber nicht käuflich sind; ich erwähne nur beispielhaft jene von POHL, GRIMSEHL-TOMASCHEK, BERGMANN-SCHÄFER, FÜRTH und insbesondere das Buch von WESTPHAL, das nach meinem Dafürhalten bezüglich Auswahl und Darstellung des Stoffes den durchschnittlichen Bedürfnissen der studierenden Techniker am besten gerecht wird. Die vorliegenden Skripten beanspruchen nun keineswegs als nennenswerte Bereicherung des schon vorhandenen Schrifttums gewertet zu werden, zumal sie in ihrer ganzen Anlage nur allzu deutlich persönlichen und lokalen Charakter tragen und zum Gebrauch neben der Vorlesung mit ihrer lebendigeren und ausführlicheren Darstellung gedacht sind. Vielmehr handelt es sich um eine Notstandsmaßnahme, für die das Wort bestimmend ist: Doppelt gibt, wer schnell gibt.

Geplant sind 5 Hefte in einfachster Ausführung: I. Mechanik, II. Optik, III. Wärme, IV. Elektrizität, V. Aufbau der Materie.

Bei Verweisungen, z. B. I, 12 (6), bedeutet die römische Ziffer den Band, die arabische Ziffer das Kapitel und die in Klammer stehende arabische Ziffer die Gleichung, auf die verwiesen wird.

Dem Springer-Verlag in Wien bin ich für sein verständnisvolles Entgegenkommen zu aufrichtigem Dank verpflichtet.

Frühjahr 1946.

K. W. Fritz Kohlrausch.

Vorwort zur zweiten Auflage.

Die erste Auflage des Buches wurde, soweit sich dies aus Besprechungen und Zuschriften entnehmen läßt, im allgemeinen freundlich beurteilt; nach dem Verbrauch zu schließen, hat das Buch auch seinen Zweck erfüllt. Die Veränderungen in der zweiten Auflage konnten sich daher unter Belassung des Grundsätzlichen auf geringfügige Korrekturen und Ausmerzung einiger Flüchtigkeiten beschränken.

März 1951.

K. W. Fritz Kohlrausch.

I. Mechanik.

Inhaltsverzeichnis.

	Seite
Zur Einführung	1
Überblick über den Mittelschulstoff	1
A. Masse, Raum, Zeit	3—17
1. Einleitung	3
2. Die Masse	4
3. Unterscheidungsmerkmale der Räume	5
4. Raum und Zeit in der klassischen Relativitätstheorie. GALILEI-Transformation	7
5. Raum und Zeit in der speziellen Relativitätstheorie. LORENTZ-Transformation	9
6. Diskussion der LORENTZ-Transformation	11
7. Die Verschmelzung von Raum und Zeit	14
8. Die allgemeine Relativitätstheorie	16
B. Mechanik des Massenpunktes	17—41
9. NEWTONS Axiome	17
10. Komponentenzerlegung der Kraft	18
11. Zeitintegral, Wegintegral der Kraft	20
12. Die Momente von Kräften und Impulsen; Flächengeschwindigkeit	22
13. Zentralbewegung	24
14. Das Gravitationsfeld	26
15. Elastische Kräfte	31
16. Trägheitskräfte	37
17. Prinzipien der Mechanik	39
C. Mechanik starrer Körper	41—62
18. Die Translation (Schwerpunkts- oder Massenmittelpunkts-Verschiebung)	42
19. Am starren Körper angreifende Kräfte	43
20. Die Drehwirkung der Kraft bzw. des Kräftepaares	45
21. Das Drehmoment	46
22. Das Trägheitsmoment (Die „Drehmasse")	47
23. Der Drehimpuls (Drall)	49
24. Die kinetische Energie des starren Körpers	52
25. Die Analogie zwischen Translations- und Rotationsbewegung	52
26. Die EULERschen Gleichungen	53
27. Der Kreisel	55
28. Die ungedämpfte freie Pendelschwingung	56
29. Die gedämpfte freie Pendelschwingung	58
30. Die erzwungene Schwingung	60
D. Die Wellenbewegung	62—87
31. Allgemeines	62
32. Die Beschreibung der mathematischen Welle	63
33. Der DOPPLER-Effekt	69
34. Die Überlagerung von Wellen	73
35. Prinzipien der Wellenlehre	81
E. Die Mikromechanik	87—100
36. Das duale Verhalten von Strahlung und Materie	87
37. Der Weg zur Wellenmechanik	94
Namen- und Sachverzeichnis	101

Zur Einführung.

Überblick über den Mittelschul-Lehrstoff.

(Vgl. z. B. Rosenbergs Lehrbuch der Physik.)

Der Lehrstoff der Mittelschule wird als im wesentlichen bekannt vorausgesetzt; dementsprechend liegt das Gewicht der Hochschulvorlesung nicht auf der Wiederholung und Auffrischung von bereits Bekanntem, das sich jeder Hörer notfalls selbst erarbeiten kann und muß, als vielmehr auf der Vertiefung und Erweiterung der Erkenntnis dort, wo dies notwendig erscheint. Daher wird mancher Gegenstand des elementaren Unterrichts überhaupt nicht mehr oder nur beispielhaft besprochen, während andere Teile, aufbauend auf den vorhandenen Grundlagen, einer wesentlich eingehenderen Behandlung unterzogen werden.

Maße und Messungen.

1. *Maßeinheiten und Maßsysteme.*

a) Internationale Urmaße: Für die *Länge* ein aus Pt-Ir hergestelltes Meterprototyp, entsprechend ungefähr dem 10^{-7} Teil des Erdmeridianquadranten (Abstand Äquator—Pol). — Für die *Masse* ein aus Pt-Ir hergestelltes Kilogrammprototyp, entsprechend ungefähr der Masse von 1 Liter Wasser bei 4° Celsius (Dichtemaximum). — Für die *Zeit* die Sekunde als der 86400ste Teil $(24 \cdot 60 \cdot 60)$ des mittleren Sonnentages.

b) Das absolute (Zentimeter-Gramm-Sekunden- bzw. CGS-) und das technische Maßsystem: g bedeutet im folgenden „Gramm-Masse", g* „Grammgewicht"; analog kg und kg* (Kilogrammgewicht oder Kilopond). Normwert der Schwerebeschleunigung 981 cm · sec^{-2} oder 9,81 m · sec^{-2}. Im *CGS-System* werden gewählt

als Grundgrößen: *Länge l,*   *Masse m,*   *Zeit t;*
als Einheiten: cm,   g,   sec.

Alle anderen Größen und Einheiten sind aus diesen abgeleitet; insbesondere die *Kraft* aus Masse *m* mal Beschleunigung *b*; Einheit das Dyn, d. i. jene Kraft, die der Masse 1 g die Beschleunigung 1 cm · sec^{-2} erteilt. Sowie das Grammgewicht g*, d. i. jene Kraft, die der Masse 1 g die Schwerebeschleunigung 981 cm · sec^{-2} erteilt, also 1 g* = 981 dyn; 1 dyn $\simeq$ 1 mg*.

Die *Arbeit* aus Kraft mal Weg; Einheit: 1 dyn · 1 cm = 1 erg; 10^7 erg = = 1 Joule.

Die *Leistung* aus Arbeit durch Zeit; Einheit: $\mathrm{erg \cdot sec^{-1}}$; $10^7\,\mathrm{erg \cdot sec^{-1}} =$
$= 1\ \mathrm{Joule \cdot sec^{-1}} = 1\ \mathrm{Watt}$.

Im *technischen System werden gewählt*

als Grundgrößen: *Länge l*,   *Kraft K*,   *Zeit t*;
als Einheiten: m,   kg*,   sec.

Alle anderen Größen und Einheiten sind aus diesen abgeleitet; insbesondere die *Masse* aus Kraft K durch Beschleunigung b; Einheit hat jene Masse, der die Krafteinheit 1 kg* die Beschleunigung $1\ \mathrm{m \cdot sec^{-2}}$ erteilt; da die Kraft 1 kg* der Masse von 1 kg die Beschleunigung $9{,}81\ \mathrm{m \cdot sec^{-2}}$ erteilt, muß die technische Masseneinheit $(1\ \mathrm{kg \cdot m^{-1} \cdot sec^2})$ zu 9,81 kg gewählt werden, damit die Beschleunigung nur $1\ \mathrm{m \cdot sec^{-2}}$ beträgt.

Die *Arbeit* aus Kraft mal Weg; Einheit: $\mathrm{kg^* \cdot m} = 1$ Kilogrammmeter $= 9{,}81$ Joule.

Die *Leistung* aus Arbeit durch Zeit; Einheit: $1\ \mathrm{kg^* \cdot m \cdot sec^{-1}} =$
$= 9{,}81\ \mathrm{Watt}$; 1 Pferdestärke PS $= 75\ \mathrm{kg^* \cdot m \cdot sec^{-1}} = 736$ Watt.

2. *Messung* von Länge, Fläche, Raum, Winkel;
               von Zeit, Geschwindigkeit $v = s/t$, Beschleunigung $b = s/t^2$;
               von Massen (Wägung), Dichte $=$ Masse durch Volumen;
               von Kraft und Arbeit.

Statik (Kräfte im Gleichgewicht, keine Bewegung verursachend).

3. *Kräfte* mit Angriffspunkt, Richtung (Wirkungslinie), Größe (Betrag), Wirkungszeit. Definition gleicher Kräfte (Wirkung gleich Gegenwirkung, Kräftegleichgewicht), Schwerkraft, Gewicht.

4. *Zusammensetzung von Kräften*, die in ein und demselben Punkt angreifen oder die in verschiedenen Punkten eines starren Körpers angreifen.

5. *Drehmoment* der Kraft bezüglich einer Achse; Kräftepaar.

6. *Schwerpunkt*; *Gleichgewicht* (indifferentes, stabiles, labiles) unterstützter Körper.

7. *Die einfachen Maschinen* (Hebel, Rolle, Flaschenzug, Wellrad, schiefe Ebene, Keil, Schraube).

8. *Die Waage* (Ausführungsformen, Empfindlichkeit, Wägung).

9. *Arbeit* und *Leistung*. Erhaltung der Arbeit bei Maschinen, Energie der Lage (potentielle Energie).

Dynamik (Kräfte als Ursache von Bewegung).

10. *Bewegungsbegriffe*. Geschwindigkeit (Weg $=$ Geschwindigkeit mal Zeit; $v = s/t$). Gleichförmige Beschleunigung (Geschwindigkeitszuwachs $=$
$=$ Beschleunigung mal Zeit, $b = v_t/t$; $s_t = \dfrac{1}{2}\,v_t \cdot t = \dfrac{1}{2}\,b \cdot t^2$). Zusammensetzung von Bewegungen (Bewegungsparallelogramm).

11. Der *freie Fall*, der vertikale, horizontale, schiefe Wurf.

12. NEWTONS *Prinzipien der Dynamik* (Trägheit: $mv =$ konst., Kraft: $K = m \cdot b$, Kräfteparallelogramm bzw. Unabhängigkeitsprinzip, actio $=$
$=$ reactio).

13. *Umsatz* von kinetischer und potentieller Energie, Erhaltung der Energie.

14. *Drehbewegung* (Drehmoment, Trägheitsmoment, Winkelgeschwindigkeit und Beschleunigung, Kreisbewegung und Fliehkraft, freie Achsen, Kreisel).

15. *Schwingungsbewegung* (Schwingungsdauer, Frequenz, HOOKEsches Gesetz, mathematisches, physisches, Reversionspendel).

16. *Stoß.*

17. *Gravitationsgesetz,* KEPLERS Gesetze der Planetenbewegung.

Wellenlehre.

18. *Fortschreitende Wellen* (transversale, longitudinale, Doppler-Effekt).

19. *Überlagerung von Wellen* (Interferenz, Schwebung, stehende Welle).

20. *Zurückwerfung und Brechung* von Wellen.

A. Masse, Raum, Zeit.

1. Einleitung.

Mechanik ist die Lehre von den Bewegungszuständen der Körper und den dabei wirksamen Kräften. Sie durchdringt alle Zweige der Naturbeschreibung, bei denen Bewegungsvorgänge eine Rolle spielen. Die *technische Mechanik* richtet ihre Ziele auf die Nutzbarmachung der erkannten Zusammenhänge, während es Aufgabe der *physikalischen Mechanik* ist, diese Zusammenhänge herzustellen und dabei ohne besondere Rücksichtnahme auf die praktische Verwertbarkeit Erkenntnis zu gewinnen und zu mehren.

Wie in allen Zweigen der auf Denkökonomie bedachten Wissenschaften handelt es sich auch hier um das Aufsuchen von allgemein gültigen Beziehungen, die notwendig und hinreichend sind, um aus ihnen auf logischem (mathematischem) Weg alle Einzelerscheinungen der betreffenden Disziplin qualitativ und quantitativ abzuleiten (vgl. I, 17). Als solche Fundamentalgesetze werden der Beschreibung des mechanischen Geschehens vorangestellt:

Erstens die NEWTONsche Bestimmung des Begriffes ,,Kraft'' als Ursache für die zeitliche Änderung des Bewegungszustandes, der seinerseits durch den ,,Impuls G'', dem Produkt aus Masse mal Geschwindigkeit, bestimmt wird:

$$K = \frac{dG}{dt} = \frac{d\,(m\,v)}{dt}\,; \text{ für } K = 0 \text{ folgt: } G \equiv m\,v = \text{konstant.} \qquad (1)$$

Zweitens das NEWTONsche, alle ,,ponderabeln'' Körper beherrschende Gravitationsgesetz, demzufolge die erfahrungsgemäß zwischen zwei Körpern in der Entfernung r und mit den Massen M und m vorhandene anziehende Kraft beschrieben wird durch:

$$K = m \cdot \gamma \frac{M}{r^2}\,; \quad \gamma = \text{Gravitationskonstante.} \qquad (2)$$

Die zur Beurteilung der Kraft*wirkung* nötigen Wahrnehmungen beziehen sich auf das Verhalten von Massen in Raum und Zeit. Mit Masse, Raum und Zeit, diesen drei wohlvertrauten und anscheinend fest umrissenen Begriffen, befassen sich die nächsten Abschnitte. Man kommt nämlich in die Zwangslage, entweder den Inhalt dieser Begriffe auf Kosten ihrer Einfachheit zu revidieren oder auf die Verwirklichung der begreiflichen Forderung zu verzichten, daß die Beschreibung eines objektiven Sachverhaltes unabhängig sein muß von einem so zufälligen bzw. willkürlichen Begleitumstand, wie es die Wahl des verwendeten Koordinatensystems ist. Soll dies erreicht werden, dann müssen die Naturgesetze eine Formulierung erhalten, die unempfindlich ist gegen jede Standpunktsverschiebung, also invariant gegen jede Koordinatentransformation. Dies ist Inhalt und Ziel der Relativitätstheorie (Standpunktslehre).

2. Die Masse.

In (1) und (2) stellt m eine körpergebundene Größe dar; von den vielen Körpereigenschaften tritt in den Grundgleichungen *nur* die durch m gemessene auf. Sie wird „Masse" genannt und äußert sich durch die Fähigkeit der Körper einerseits *träge*, anderseits *schwer* zu sein. „Träge", insofern sie der Änderung des Bewegungszustandes einen Trägheitswiderstand entgegensetzen, der durch die Kraft K überwunden werden muß. „Schwer", insofern jeder Körper im Erdfeld angezogen wird, einen Druck auf die Unterlage ausübt und daher Gewicht besitzt. Daß diese beiden begrifflich zunächst ganz verschiedenen Fähigkeiten, die durch die Bezeichnungen „träge Masse" und „schwere Masse" auseinandergehalten werden, sich mit identischen Beträgen auswirken, mußte erst die Erfahrung zeigen (z. B. Unabhängigkeit der Schwingungsdauer des mathematischen Pendels oder der Erdbeschleunigung von der bewegten Masse, vgl. I, 14 und I, 15). Daß aber darüber hinaus auch die begriffliche Verschiedenheit beider Fähigkeiten eine nur standpunktsbedingte und daher nur scheinbare ist, wird in Z. 8 gezeigt und bildet den Ausgangspunkt der „allgemeinen Relativitätstheorie".

Die der klassischen Mechanik zugrunde liegenden Erfahrungstatsachen wurden unter Versuchsbedingungen gewonnen, bei denen die Körpergeschwindigkeiten klein gegen die Lichtgeschwindigkeit ($v \ll c$) und die Massen groß gegen die Masse der Atome waren. Dabei erwies sich die Masse als praktisch unabhängig von der Geschwindigkeit v. In diesem Fall vereinfacht sich (1) zur bekannten Schreibweise:

$$K = m \frac{dv}{dt} = m\,b, \quad \text{mit } b \text{ (Beschleunigung)} \equiv \frac{dv}{dt}. \qquad (1')$$

$(1')$ diente zur Definition der trägen Masse. In der speziellen Relativitätstheorie (Z. 6 i) wird aber gezeigt, daß die Massenunveränderlichkeit nur eine für kleine v gültige Näherung ist und daß der Massenfaktor neben b in $(1')$ nicht nur von v abhängt, sondern auch verschiedene Werte annimmt, je nachdem die Beschleunigung *in* der v-Richtung (longitudinale Masse m_l) oder *normal* zu ihr (transversale Masse m_t) erfolgt, und daß es daher zweckmäßiger ist, die Masse nicht aus der Kraft durch K/b, sondern aus dem Impuls durch G/v zu definieren. Die v-Abhängigkeit der sog. „relativistischen Masse" wird in diesem Fall durch:

$$m = \frac{m_0}{\sqrt{1 - v^2/c^2}}. \qquad (3)$$

beschrieben. Für $v = c$ wird $m = \infty$!

Ist nämlich m von v abhängig (Symbol m_v), dann ist in (1) m_v nur dann zeitunabhängig, wenn v dem Betrag nach konstant bleibt, wenn also bei der Beschleunigung *nur* eine Richtungsänderung von v eintritt, b somit normal zu v liegt (Symbol $b_\perp$). Nur in diesem Fall gilt:

$$K = d\,(m_v\,v)/dt = m_v\,dv/dt = m_t\,b_\perp. \qquad (4)$$

In allen anderen Fällen variiert der Betrag von v und damit auch m_v. Liegt im anderen Extremfall b in der v-Richtung (Symbol $b_{||}$), dann ergibt sich:

$$K = \frac{d\,(m_v\,v)}{dt} = m_v \frac{dv}{dt} + v \frac{dm_v}{dv} \frac{dv}{dt} = \left(m_v + v \frac{dm_v}{dv} \right) \frac{dv}{dt} = m_l b_{||}. \qquad (5)$$

Die Relativitätstheorie zeigt weiters, daß auch der bekannte Satz von der „Erhaltung der Masse" nur eine Näherung ist. In Wirklichkeit ist es die Summe von Masse $+$ Energieäquivalent, für die der Erhaltungssatz gilt. Denn jede Masse ist äquivalent mit dem Energiebetrag $E = mc^2$, und die Masse kann nur erhalten bleiben, wenn nicht Energie ΔE ein- oder ausgestrahlt wird und einen Massengewinn oder -verlust $\Delta m = \pm \dfrac{\Delta E}{c^2}$ verursacht.

3. Unterscheidungsmerkmale der Räume.

Die Räume können sich unterscheiden hinsichtlich der geometrischen Eigenschaften Dimensionszahl, Krümmung, Zusammenhang, Begrenzung und Erstreckung, sowie hinsichtlich Homogenität und Isotropie.

a) Die Dimensionszahl ist geometrisch gegeben durch die Zahl der Bestimmungsstücke (Koordinaten), die zur eindeutigen Festlegung eines Punktes im Raum nötig sind. Ein physikalisches Kriterium ist der Entfernungsexponent im Wirkungsgesetz (z. B. Gravitationsgesetz), der um eine Einheit niederer ist als die Dimensionszahl des betreffenden Raumes.

b) Die Krümmung ist geometrisch bestimmt durch das Krümmungsmaß $k = 1/\varrho_1\,\varrho_2\,\varrho_3$, worin die ϱ die Radien der Krümmungskreise in den Hauptschnitten sind (anschaulich vorstellbar nur bei gekrümmten ein- und zweidimensionalen Räumen, also bei Linien und Flächen). Der Raum heißt *eben*, wenn $k = 0$, *sphärisch*, wenn $k > 0$, *pseudosphärisch*, wenn $k < 0$ ist. Damit $k = 0$ wird, müssen entweder *alle* ϱ unendlich sein (vollkommen ebener Raum) oder mindestens *ein* ϱ (unvollkommen ebener Raum). Damit $k > 0$, müssen entweder alle ϱ positiv sein oder die negativen Werte müssen paarweise auftreten. Damit $k < 0$, muß eine ungerade Zahl negativer ϱ vorhanden sein. Beispiele: Ebene $(\varrho_1 = \varrho_2 = \infty,\ k = 0)$; Zylinderfläche (unvollkommen eben, nur ein $\varrho = \infty$, $k = 0$); Kugelfläche (sphärisch, beide ϱ gleichgerichtet, $k > 0$); Sattelfläche (pseudosphärisch, beide ϱ entgegengesetzt gerichtet, $k < 0$).

Kriterien für die Raumkrümmung sind: In geometrischer Hinsicht die Axiome der Euklidischen Geometrie, nämlich Geraden-, Parallelen-, Kongruenz-, Ähnlichkeitsaxiom, die nur in ebenen Räumen mit $k = 0$ gelten. In physikalischer Hinsicht wieder der Entfernungsexponent im Wirkungsgesetz, der nur in ebenen Räumen mit $k = 0$ *ganzzahlig* ist. Keines der Kriterien läßt entscheiden, ob die Ebenheit eine voll- oder unvollkommene ist.

c) Über den Zusammenhang entscheidet die Dimension des „abschließenden Gebildes"; dessen Dimension ist bei einfachem Zusammenhang um eine Einheit niederer als die Raumdimension. Beispiel: Bei einer Ebene, aber auch bei einer Kugelfläche (beides zweidimensionale Räume) genügt eine in sich geschlossene eindimensionale Linie, um ein Flächenstück „abzuschließen"; somit einfacher Zusammenhang. Beim zweifach zusammenhängenden Flächenraum einer Pneumatikoberfläche genügt hiezu eine geschlossene Linie im allgemeinen nicht mehr.

d) Der Raum kann begrenzt und endlich sein (Beispiel: Kreisfläche); er kann unbegrenzt und endlich sein (Kugeloberfläche); er kann unbegrenzt und unendlich sein (unbegrenzte Ebene).

Homogen bezeichnet man den Raum, wenn kein Punkt, isotrop, wenn keine Richtung ausgezeichnet ist.

Unser Raum ist dreidimensional, einfach zusammenhängend, eben, unendlich, homogen und isotrop; alles dies innerhalb der Versuchsgenauigkeit.

4. Raum und Zeit in der klassischen Relativitätstheorie. Galilei-Transformation.

Nach dem ersten Axiom ist der Impuls mv für den kräftefreien Körper nach Betrag und Richtung konstant. Zur experimentellen Feststellung dieser zeitlichen Konstanz bedarf es der Messung von Geschwindigkeiten, also von Längen und Zeiten; dabei muß sich der Beobachter irgendeines Bezugssytems, z. B. des durch die starren Wände des Beobachtungsraumes gebildeten Koordinatenkreuzes, bedienen. In bezug auf welches Koordinatensystem gilt nun die grundlegende Aussage: Für $K = o$, $mv = $ konst.? Bei NEWTON in bezug auf den „absoluten Raum" und die „absolute Zeit", die er offenbar als dem Menschen von vornherein mitgegebene Erkenntnisse ansieht, wenn er von ihnen sagt: „Der absolute Raum bleibt vermöge seiner Natur und ohne Beziehung zu einem äußeren Gegenstand stets gleich und unveränderlich." — „Die absolute wahre und mathematische Zeit verfließt an sich und vermöge ihrer Natur gleichförmig und ohne eine Beziehung auf einen äußeren Gegenstand." — Dieses durch seine Einzigartigkeit ausgezeichnete System aus absolutem Raum und Zeitfluß kann durch einen besonderen Namen gekennzeichnet und, weil es dem Gesetz der Trägheit (inertia) zum Rahmen dient, „Inertialsystem" genannt werden.

Rein erfahrungsmäßig aber liegen die Verhältnisse weniger eindeutig. Tatsache ist, daß durch $G = mv = $ konst. nichts über den Absolutwert von v, durch $K = mb$ überhaupt nichts über v ausgesagt wird. Es wird nur verlangt, daß v, unabhängig von seinem absoluten Betrag, konstant bleibt für $K = o$, so daß durch die zeitliche Veränderung von v, d. i. durch b, der Wert von K bestimmbar ist. Somit sind alle Bezugsysteme als zur Beschreibung des mechanischen Geschehens völlig gleichberechtigt anzusehen, sofern sie gleichförmige Geschwindigkeiten besitzen, d. h. sich nicht beschleunigt[1] bewegen. In bezug auf die Gültigkeit der mechanischen Grundgesetze ist also ein „absolut" ruhendes System in keiner Weise ausgezeichnet. Freilich besteht anderseits auch kein Hindernis, eine solche Auszeichnung ver-

---

[1] Das von einem auf der Erde ruhenden Beobachter verwendete Koordinatenkreuz gehört allerdings zu einem nicht-beschleunigungsfreien System. Denn die Erde rotiert um ihre eigene Achse mit einer Winkelgeschwindigkeit, die rund $7^1/_2$ Grade in 30 Minuten beträgt; sie umläuft überdies die Sonne, wobei die Drehung etwa $1''$ in 30 Minuten beträgt. Beide Beschleunigungen sind so gering, daß innerhalb der terrestrischen Versuchsgenauigkeit die zugehörigen Bewegungen des Koordinatenkreuzes als geradlinig und gleichförmig angesehen werden können.

einbarungsgemäß durch Einführung z. B. des besonderen Namens Inertialsystem vorzunehmen und dadurch die Universalität der Grundgesetze auch äußerlich in eindrucksvoller Weise hervorzuheben.

Bestimmbar aber ist der Absolutwert der Geschwindigkeit durch mechanische Beobachtungen nicht, weder durch solche im eigenen System, noch durch solche aus dem eigenen System heraus in ein fremdes. Bestimmbar sind nur Relativwerte. Zum Beispiel daran, daß eine Ereignisgeschwindigkeit vom (mitbewegten) Beobachter B' im Koordinatensystem S' (x', y', z') mit dem Wert v_x', vom Beobachter B im (nicht-mitbewegten) System S (x, y, z), gegen das S' eine Relativgeschwindigkeit u in der x-Richtung besitzt, mit dem Wert $v_x = v_x' + u$ gemessen wird. Ob dabei S in Ruhe ist oder S' oder keines der beiden Systeme, ist nicht feststellbar.[2] — Das Beobachtungsergebnis des B, der das Ereignis in S' verfolgt, ist somit in einfacher Weise umzurechnen auf jenes des B' in seinem eigenen System S'. Und zwar durch die sog. GALILEIsche Koordinatentransformation:

$$x' = x - u\,t; \quad y' = y; \quad z' = z; \quad t' = t. \tag{I}$$

Im Speziellen folgt hieraus a) für das Additionstheorem der Geschwindigkeiten und b) für die Grundgleichungen der Mechanik:

a) B' beobachtet:
$$v_x' = \frac{dx'}{dt'},$$

daher beobachtet B: $\quad v_x = v_x' + u.$ $\tag{2}$

b) B' beobachtet:
$$\begin{cases} G_x' = m\,v_x' = \text{konst. für } K_x' = 0, \\ K_x' = m\,\dfrac{dv_x'}{dt'} \qquad \text{für } K_x' \neq 0, \end{cases}$$

daher beobachtet B:

$$\begin{cases} G_x = m\,(v_x' + u) = \text{konst. für } K_x = 0, \\ K_x = m\,\dfrac{dv_x'}{dt'} = K_x' \qquad \text{für } K_x \neq 0. \end{cases} \tag{3}$$

---

[2] B' beobachtet z. B. im System S', etwa in einem fahrenden Zug, einen fallenden Stein und beschreibt seine Erfahrungen durch $y' = f(t')$ entsprechend den bekannten Fallgesetzen. B auf der relativ zum Zug ruhenden Station (System S) beobachtet am selben Stein eine Wurfparabel derart, als sei über dieselbe Funktion $y = f(t)$ als Horizontalgeschwindigkeit die Zugsgeschwindigkeit u übergelagert, also die zusätzliche Bewegung $x = u\,t$. Denselben Relativbefund erhält man, wenn der auf der Station fallende Stein vom fahrenden Zug aus beobachtet wird; nur das Vorzeichen von u wird geändert.

Aus (*b*) ergibt sich, wie es entsprechend der klassischen Erfahrung sein muß, die Invarianz der Axiome gegen die Transformation; die mechanischen Gesetze gelten also gleichartig für B wie für B', sofern für die Bezugssysteme S und S' *nur* ein Geschwindigkeitsunterschied beliebiger Größe, aber keine Beschleunigung vorhanden ist.

Aus dem Additionstheorem (a) muß z. B. gefolgert werden, daß es nur eine einzige Ereignisgeschwindigkeit v_x' gibt, für die zwei verschieden schnell ($u \neq 0$) bewegte Beobachter B und B' ein und denselben Wert finden müssen, nämlich $v_x' = \infty$. Die Erweiterung der Erfahrung durch Beobachtung an der Lichtgeschwindigkeit c ergab aber, daß diese Folgerung *nicht* zutrifft: Auch die nicht unendlich große Lichtgeschwindigkeit c wird von *jedem* System aus gleich groß gemessen. Dieser Widerspruch mit der Transformation (I) muß beseitigt werden.

5. Raum und Zeit in der speziellen Relativitätstheorie. Lorentz-Transformation.

Wenn nun auch bei *mechanischen* Messungen die scheinbar vorhandene begriffliche Sonderstellung des interstellaren („absoluten") Raumes experimentell nicht zum Ausdruck kommt, so wäre dies doch bei Heranziehung von *optischen* Messungen zu erwarten. Denn erfahrungsgemäß vermag sich das Licht in diesem leeren, also materiefreien Raum auszubreiten, etwa mit Hilfe eines immateriellen Trägers der Lichtwelle, des sog. „Lichtäthers". Dieser hätte als inhärente Eigenschaft des absoluten Raumes wegen seiner universellen Existenz die gleiche begriffliche Sonderstellung. Relativ gegen diesen als „absolut ruhend" gedachten Äther, in dem die Ausbreitungsgeschwindigkeit $c = $ $= 300\,000$ km/s beträgt, bewegt sich die Erde bei ihrem Umlauf um die Sonne mit der Relativgeschwindigkeit $u = 30$ km/s. Ebenso wie nach dem klassischen Additionstheorem (2) die Schallgeschwindigkeit von einem gegen den Schallträger Luft mit der Relativgeschwindigkeit u bewegten Beobachter je nach der Beobachtungsrichtung verschieden gemessen wird, ebenso müßte die Lichtgeschwindigkeit für einen mit der Erde mitbewegten Beobachter je nach der Richtung verschieden sein. Die Ausbreitung sollte sich nicht als Kugelwelle darstellen, sondern einer in der Bewegungsrichtung der Erde deformierten Kugel entsprechen. Die Feststellung solcher Richtungsunterschiede für c verlangt allerdings, weil wegen $u \ll c$ die Differenzeffekte sehr klein zu erwarten sind, höchste Versuchspräzision. Beim sog. Michelson-Versuch, der mehrfach mit immer verbesserten Mitteln wiederholt wurde, konnte eine Genauigkeit erreicht werden, die noch 5% des zu erwartenden Effektes hätte beobachten lassen müssen; *kein diese Grenze übersteigender Effekt konnte festgestellt werden.* Innerhalb der Versuchsgenauigkeit entspricht somit, trotz „Ätherdrift", die Lichtausbreitung einer Kugelwelle.

Einwände gegen die Schlüssigkeit dieses Ergebnisses konnten experimentell widerlegt werden: Von der Bewegung der Lichtquelle ist c unabhängig (nach Beobachtung DE SITTERS an Doppelsternen). Auch wird der Lichtäther nicht etwa von der mit der Erde mitbewegten Lufthülle „mitgeführt"; denn nach alten Versuchen FIZEAUS über die Mitführung des Lichtes beim Durchgang durch bewegte Medien hat die Lichtgeschwindigkeit c^* in einem mit u sich bewegenden Medium mit dem Brechungsexponenten $n = c_0/c$ (c_0 im Vakuum, c im ruhenden Medium) den Wert:

$$c^* = c \pm u \left(1 - \frac{1}{n^2}\right). \tag{4}$$

Für Luft mit $n = 1{,}0003$ ist c^* so nahe gleich c, daß von einer Mitführung praktisch nicht gesprochen werden kann.

Somit verliert das Additionstheorem (2) seine Fähigkeit zur richtigen Beschreibung der Erfahrung in dem Augenblick, als optische Messungen durchgeführt werden. Die Lichtgeschwindigkeit c wird entgegen diesem Theorem in *jedem* gleichförmig bewegten System und nach *jeder* Richtung gleich groß gefunden. Daher bedarf es neuer Transformationsgleichungen und eines neuen daraus ableitbaren Additionstheorems, das nicht nur den mechanischen, sondern auch den optischen Erfahrungen gerecht zu werden vermag. Sie wurden von EINSTEIN angegeben und hergeleitet aus der Forderung: 1. Beim Übergang von den gestrichelten zu den ungestrichelten Koordinaten darf nur eine Änderung im Vorzeichen von u eintreten. 2. Die Transformationsgleichungen müssen linear sein. 3. Die Gleichung der Lichtkugelwelle $x^2 + y^2 + z^2 - c^2 t^2 = 0$ muß invariant gegen die Transformation sein. Die so erhaltenen sog. LORENTZschen Transformationsgleichungen, die, wie sich herausstellt, eine Revision der klassischen Begriffe von Raum, Zeit und Masse zur Folge haben, sind:

$$x' = \frac{1}{\beta}(x - u\,t), \quad y' = y, \quad z' = z, \quad t' = \frac{1}{\beta}\left(t - \frac{u\,x}{c^2}\right), \tag{5}$$

mit $\beta \equiv \sqrt{1 - u^2/c^2}$ und Relativgeschwindigkeit u in der x-Richtung.

6. Diskussion der Lorentz-Transformation.

Entsprechend den weiter oben gestellten Forderungen gilt zunächst:

a) Drückt man sowohl x als t durch x' und t' aus, dann unterscheiden sich die erhaltenen Beziehungen von jenen in (5) nur durch das Vorzeichen von u.

b) Die Gleichungen (5) sind linear.

c) Die Gleichung der Lichtkugelwelle ist invariant gegen die Transformation (5).

d) *Übergang in die Galilei-Transformation:* Für so kleine Werte von u, daß $u^2 \ll c^2$, geht die Tr. (5) über in jene von (1); dies war zu fordern, da sich (1) als geeignet zur Beschreibung der mechanischen Erfahrungen erwiesen hat.

e) *Additionstheorem der Geschwindigkeiten*, das die von B gemessene Geschwindigkeit v_x einer im System S' auftretenden Geschwindigkeit v_x' zu berechnen gestattet, erhält man, wenn man dx und dt als $f\,(dx', dt')$ bildet:

$$v_x = \frac{v_x' + u}{1 + \dfrac{u\,v_x'}{c^2}}. \tag{6}$$

Daraus ergibt sich erstens, daß c die maximale Ereignis- oder Signalgeschwindigkeit ist. Denn welche Werte zwischen o und c man auch dem u oder dem v_x' oder beiden erteilen mag, es ergibt sich stets $v_x \lesseqgtr c$. Zweitens liefert (6) die FIZEAUsche Mitführungsformel als erste Näherung des Additionstheorems, wenn man sinngemäß und der Fragestellung entsprechend einsetzt: Für v_x in (6) c^*, für u in (6) u, für v_x' ... c (Lg. im bewegten Medium), für c ... c_0 (Lg. im Vakuum), für c_0/c ... n. — Auch diese ,,Mitführung" ist somit eine reine Standpunktsfrage.

f) *Längenmessung.* Die vom mitbewegten B' im System S' gemessene sog. ,,geometrische" Stablänge $l' = x_2' - x_1'$ ist größer als die vom nicht-mitbewegten B gemessene sog. ,,kinematische" Länge $l = x_2 - x_1 = \beta\,l'$. Man beachte dabei, daß B zur Ausführung der Messung den Schatten des sich bewegenden Stabes in sein System S projizieren und den Abstand der Schattenenden zu ein und demselben Zeitpunkt $t_2 = t_1 = t$ bestimmen muß.

g) *Zeitmessung.* Das von B' an der Stelle x' gemessene ,,geometrische" Zeitintervall $\tau' = t_2' - t_1'$ ist kleiner als das von B an diesem Ort x' bestimmte kinematische Zeitintervall $\tau = t_2 -$
$- t_1 = \dfrac{1}{\beta}\,\tau'$ (an der Stelle $x_2' = x_1' = x'$).

h) *Orts- und Systemzeit.* Wenn B' in seinem System S' alle entlang der Richtung x' liegenden Uhren gleichrichtet derart, daß alle zu einem gegebenen Zeitmoment ein und dieselbe „Systemzeit" t' zeigen, so bedeutet diese Uhrenzeit für den Beobachter B nur eine Ortszeit, da für ihn die Zeit $t = \dfrac{1}{\beta}\left(t' + \dfrac{u\,x'}{c^2}\right)$, selbst bei konstantem t', noch eine Funktion von x' ist. Was dem B' als gleichzeitig erscheint, ist für den Beobachter B nur dann ebenfalls gleichzeitig, wenn die zu vergleichenden Ereignisse sich an Orten mit gleichem x' abspielen.

i) *Die relativistische Dynamik.* Da sich so elementare Beobachtungen wie die Längen- und Zeitmessung für B und B' als verschieden herausstellen, besteht der Verdacht, daß auch die Beurteilung der Beschleunigung b und mit ihr jene der Kraft standpunktsabhängig wird; das würde bedeuten, daß die Beurteilung von b verschieden ausfällt, je nachdem ob die schon vorhandene Geschwindigkeit klein oder groß ist. Sicher gilt für kleine Geschwindigkeitsbereiche, innerhalb derer die klassische Mechanik ihre Erfahrungen erworben hat, der klassische Zusammenhang zwischen Kraft und Beschleunigung; insbesondere bleibt dieser also stets richtig für den mit der beschleunigten Masse mitbewegten Beobachter B', da ja für diesen die jeweils vorhandene Anfangsgeschwindigkeit der Masse immer Null sein muß. Welcher Zusammenhang besteht aber für den nicht-mitbewegten Beobachter B, für den die Geschwindigkeit der Masse infolge der Beschleunigung zunimmt? Die Antwort geben die Transformationsgleichungen (5), wenn man berücksichtigt, daß die dort mit u bezeichnete Relativgeschwindigkeit gegenüber B' im vorliegenden Fall die Massengeschwindigkeit v_x ist; dieses v_x bleibt unverändert, wenn die Massenbeschleunigung in der y- oder z-Richtung erfolgt, ist jedoch zeitabhängig bei Beschleunigung in der x-Richtung. Die strenge Ableitung des gesuchten Zusammenhanges kann hier nicht gegeben werden; das Ergebnis ist:

$$K_x = \frac{m_0}{\sqrt{(1 - v_x{}^2/c^2)^3}}\,\frac{d^2x}{dt^2}\,; \quad K_y = \frac{m_0}{\sqrt{1 - v_x{}^2/c^2}}\,\frac{d^2y}{dt^2}\,;$$

$$K_z = \frac{m_0}{\sqrt{1 - v_x{}^2/c^2}}\,\frac{d^2z}{dt^2}\,. \tag{7}$$

Mit m_0 ist dabei die „Ruhemasse" (m für $v_x = 0$, also der für B' gültige Massenwert) bezeichnet. Aus (7) ergibt sich, daß der neben der Beschleunigung stehende Faktor, der üblicherweise als Masse bezeichnet wird, je nach der Beschleunigungsrichtung verschieden ist und die beiden Extremwerte aufweist:

$$\text{,,longitudinale Masse'' } m_l = \frac{m_0}{\sqrt{(1 - v_x{}^2/c^2)^3}} \, ;$$

$$\text{,,transversale Masse'' } m_t = \frac{m_0}{\sqrt{1 - v_x{}^2/c^2}} \, . \qquad (8)$$

Die v-Abhängigkeit von m_t wurde mit schnellen Elektronen geprüft und bestätigt.

Es zeigt sich somit, daß die Axiome in ihrer klassischen Formulierung *nicht* invariant sind gegen die Lorentz-Transformation. Offenbar ist auch in diesem Fall die klassische Formulierung nur eine für $v_x{}^2 \ll c^2$ gültige Näherung, in der für große Ereignisgeschwindigkeiten v_x die konstante Masse m zu ersetzen ist durch eine v-abhängige Masse. Wegen der von der Beschleunigungsrichtung abhängigen Verschiedenheit des Geschwindigkeitseinflusses auf die Masse ist es aber nun unzweckmäßig, die Masse als K/b zu definieren. Statt dessen ist es derzeit üblich als Definition $m = G/v$ zu wählen, wobei

$$G = \frac{m_0 \, v}{\sqrt{1 - v_x{}^2/c^2}}, \text{ somit } m = \frac{m_0}{\sqrt{1 - v_x{}^2/c^2}} \qquad (9)$$

gilt. Man überzeugt sich leicht, daß entsprechend den Angaben von Z. 2 (4, 5) durch Differentiation von (9) die Ausdrücke (7, 8) erhalten ⋅werden.

Wird bei der Beschleunigung nur der Betrag der Geschwindigkeit geändert (longitudinale Masse), so ist hiezu in der Zeiteinheit die Arbeit (vgl. I, 11) zu leisten:

$$\frac{dA}{dt} = K \frac{dx}{dt} = v_x \frac{d}{dt}\left(\frac{m_0 v_x}{\sqrt{1 - v_x{}^2/c^2}} \right) = \frac{d}{dt}\left(\frac{m_0 c^2}{\sqrt{1 - v_x{}^2/c^2}} \right) = \frac{dE}{dt} .$$

Diese Arbeit dA steckt als Energie*zuwachs* dE in der Masse. Deren Energie E selbst ist somit:

$$E = \frac{m_0 c^2}{\sqrt{1 - v^2/c^2}} = m_0 c^2 + \frac{m_0 v^2}{2} + \frac{3}{8} \frac{m_0 v^4}{c^2} + \ldots \qquad (11)$$

Der Energieinhalt einer Masse setzt sich also in erster Näherung (unter Vernachlässigung der höheren Glieder der Reihe) zusammen aus dem der klassischen Mechanik vertrauten zweiten Glied, d. i. die kinetische Energie $L = \dfrac{m_0 v^2}{2}$, und dem neuartigen, der Größe nach weitaus (c^2!) dominierenden ersten Glied, das von v unabhängig ist und als Ruhenergie der Masse m_0 bezeichnet wird. Dies bedeutet ,,Äquivalenz von Energie und Materie'', indem jeder Masse die latente Energie mc^2 und jeder Energie E die Masse E/c^2 zukommt. Somit ist auch mit jeder Energieabgabe der Materie durch Strahlung ein allerdings meist sehr kleiner Massenverlust verbunden. Die stärkste und darum wichtigste Auswirkung dieses Satzes von der Trägheit der Energie oder des Energieinhaltes der trägen Masse dürfte auf atomarem Gebiet liegen. Auch die Atomkerne sind noch aus kleineren Elementarteilchen, Protonen und Neutronen, zusammengesetzt. Die Kerne in diese Bestandteile zu zerlegen, kostet enormen Energieaufwand; dieselbe Energie mußte bei der Bildung der Kerne verlorengegangen, also ausgestrahlt worden sein. Um die dieser ausgestrahlten Energie (Bindungsenergie der Kerne) äquivalente Masse $\Delta m = \dfrac{\Delta E}{c^2}$ muß die Masse der Kerne von der Summe der Massen ihrer Bestandteile abweichen (Massendefekt). Dadurch ist ein Teil der Nicht-Ganzzahligkeit der Atomgewichte bedingt. Verwandeln sich Atome ineinander, wie es z. B. freiwillig bei den instabilen radioaktiven Substanzen geschieht, dann wird bei diesem Übergang zu stabileren, also fester gebundenen Atomarten, Energie frei. Die technische Verwertung dieser Atomenergie wird dem 20. Jahrhundert vielleicht die Prägung geben und die Menschheit mit schwerster Verantwortung belasten.

7. Die Verschmelzung von Raum und Zeit.

Die Schwierigkeiten, die sich in begrifflicher Hinsicht für manche der aus der speziellen Relativitätstheorie gezogenen Folgerungen einstellen, lassen sich durch eine geometrische Deutung (H. MINKOWSKI) der Verhältnisse mildern. Dabei wird der schon bei den einfachsten Messungen (Längenvergleich zu bestimmten Zeitpunkten, Zeitvergleich an bestimmten Raumpunkten, Geschwindigkeitsbestimmung) zutage tretenden unlöslichen Kopplung von Raum und Zeit geometrisch Rechnung getragen durch die Gleichberechtigung der Raum-Zeit-Koordinaten in einer vierdimensionalen Welt. Das Wesentliche daran sei an einem einfachen Beispiel dargetan.

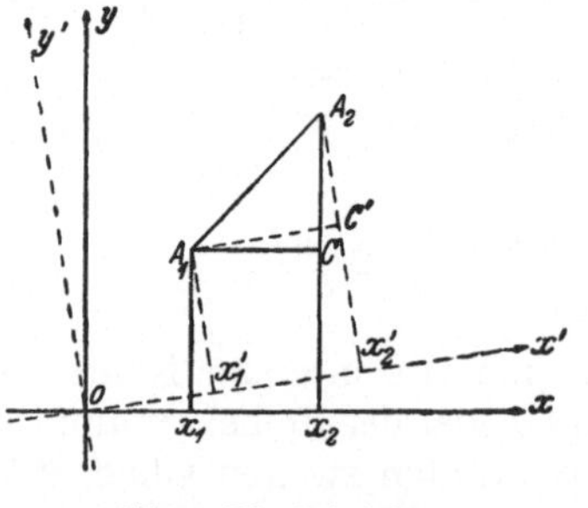

Abb. 1. Die Relativität von Abstandsprojektionen.

Im Koordinatensystem S (x, y) gilt bezüglich des Abstandes der Punkte A_1 (x_1, y_1) und A_2 (x_2, y_2):

Die Projektion auf die x-Achse: $\overline{A_1 C} = x_2 - x_1$.

Die Projektion auf die y-Achse: $\overline{C A_2} = y_2 - y_1$.

Der Punktabstand: $(\overline{A_1 A_2})^2 = (x_2 - x_1)^2 + (y_2 - y_1)^2$.

Allgemein, das Linienelement: $ds^2 = dx^2 + dy^2$.

In einem um die z-Achse verdrehten Koordinatensystem $S'\,(x',\,y')$ gilt nach Abb. 1 bezüglich des Abstandes derselben Punkte $A_1\,(x_1',\,y_1')$ und $A_2\,(x_2',\,y_2')$:

Die Projektion auf die x'-Achse: $\overline{A_1 C'} = x_2' - x_1' \neq x_2 - x_1$.

Die Projektion auf die y'-Achse: $\overline{C' A_2} = y_2' - y_1' \neq y_2 - y_1$.

Der Punktabstand: $(\overline{A_1 A_2})^2 = (x_2' - x_1')^2 + (y_2' - y_1')^2 =$
$$= (x_2 - x_1)^2 + (y_2 - y_1)^2.$$

Allgemein, das Linienelement: $ds^2 = dx'^2 + dy'^2 = dx^2 + dy^2$.

Das Linienelement selbst ist also standpunktsunabhängig oder invariant gegen die Transformation, nicht aber seine Projektionen. Für einen dreidimensionalen Raum ergibt sich ganz entsprechend die Invarianz des Linienelementes $ds^2 = dx^2 + dy^2 + dz^2$, während sowohl die Projektionen dx, dy, dz auf die Achsen, als auch die Projektionen $\sqrt{dx^2 + dy^2}$, $\sqrt{dx^2 + dz^2}$, $\sqrt{dy^2 + dz^2}$ auf die Koordinatenebenen standpunktsabhängig sind und für das verdrehte System andere Werte annehmen.

Übergehend zum vorliegenden Problem erkennt man: Die Forderung, daß wegen der erfahrungsgemäßen Konstanz der Lichtgeschwindigkeit im Vakuum die Gleichung für die Ausbreitung der Licht-Kugelwelle $x^2 + y^2 + z^2 - c^2 t^2 = 0$ standpunktsunabhängig sein soll, bedeutet geometrisch nichts anderes als die Forderung nach Invarianz des Linienelementes $ds^2 = dx^2 + dy^2 + dz^2 - c^2 dt^2$ bzw. (bei Einführung von $dl = \sqrt{-1} \cdot c\, dt = i\,c\,dt$) des Linienelementes $ds^2 = dx^2 + dy^2 + dz^2 + dl^2$ im vierdimensionalen Raum mit den Achsen x, y, z, l; in der Tat entspricht die Verdrehung eines solchen Systems um den Winkel φ der Lorentz-Transformation, wenn φ durch $\mathrm{tg}\,\varphi = i\,u/c$ bestimmt wird. In dieser geometrischen Auslegung ergibt sich nun unmittelbar, wenn auch nicht mehr durch die versagende Anschauung, so doch durch die Analogie mit den anschaulichen zwei- und dreidimensionalen Fällen: Wenn auch ds invariant ist, so ist dies doch keineswegs bei seinen Projektionen der Fall, insbesondere nicht bei den hier interessierenden Projektionen auf die Zeitachse l und auf den x-, y-, z-Raum. Daher ist zwar die Gleichung der Lichtausbreitung, nicht aber die Orts- und Zeitbestimmung standpunktsunabhängig.

8. Die allgemeine Relativitätstheorie.

Die mathematisch sehr schwierige und in ihren experimentell prüfbaren Konsequenzen noch nicht ganz gesicherte allgemeine Relativitätstheorie sei nur andeutungsweise besprochen. Ihr Ziel ist die Einbeziehung auch von *beschleunigten* Systemen in den Relativitätsgedanken derart, daß auch in diesen, trotz scheinbarer, auf dem Auftreten von sog. *Trägheitskräften* (vgl. Z. 16) beruhender gegenteiliger Erfahrung Aussagen über Absolutbewegung *nicht* möglich sind. — Ausgangspunkt der Theorie ist einerseits das EINSTEINsche *Äquivalenzprinzip*, demzufolge zwischen einem gleichförmig beschleunigten System S_b und einem System S_g im homogenen Gravitationsfeld experimentell nicht unterschieden werden kann, wenn die Beschleunigungen gleich groß und entgegengesetzt ($b = -g$) sind. Die quantitativen und qualitativen Erfahrungen eines Experimentators B_g im Innern eines im Schwerefeld aufgehängten Kastens S_g sind genau die gleichen, wie die eines Experimentators B_b, der sich in einem, im schwere*freien* Raum mit der Beschleunigung $b = -g$ nach oben gezogenen Kasten S_b befindet. Insbesondere werden sowohl B_g als B_b die gleichartige Beobachtung machen, daß jede nicht im Schwerpunkt unterstützte Masse m sich in S_g als „schwere Masse", in S_b als „träge Masse" mit ein und derselben konstanten Beschleunigung $|b| = |g|$ dem Kastenboden entgegenbewegt. „Schwer" und „träg" werden hier nicht nur dem Betrag nach, sondern auch begrifflich nicht unterscheidbar. — Anderseits dient als Ausgangspunkt die Tatsache, daß in einem beschleunigten System, z. B. auf einer rotierenden Scheibe, die *Metrik* (der Inbegriff von Messungen mit räumlichen und zeitlichen Maßstäben) nicht mehr die eines ebenen, sondern die eines gekrümmten Raumes ist. Wegen des Äquivalenzprinzips bewirkt somit die Anwesenheit von gravitierenden Massen gleichfalls lokale Krümmung des Raumes und nicht-euklidische Metrik. — Die Entwicklung der Theorie beruht in geometrischer Hinsicht auf einer Verallgemeinerung der Minkowski-Welt durch den Übergang vom metrisch-homogen ebenen zum metrisch-inhomogen gekrümmten vierdimensionalen Raum. In ersterem ist die der Bewegung des kräftefreien Körpers entsprechende Weltlinie eine Gerade, in letzterer jedoch eine geodätische Linie, die ja im gekrümmten Raum die Rolle der Geraden übernimmt. Gravitations- und Trägheitskräfte (bei Rotation z. B. Zentrifugal- und Corioliskraft) werden zu Scheinkräften und sind nichts anderes als Begleiterscheinungen des für die Bewegung im gekrümmten Raum ver-

allgemeinerten NEWTONschen Beharrungsvermögens (verallge-
meinertes Trägheitsprinzip). Da die geodätische Linie die kürzeste
Verbindungslinie zwischen zwei Punkten auf der Weltlinie ist, so
erfüllt die Bewegung des kräftefreien, also hier auch die des frei
fallenden Körpers die Forderung des „Minimalprinzips" (vgl.
I, 17).

$$\int_1^2 ds = \text{Minimum}; \quad \text{oder} \quad \delta \int_1^2 ds = 0; \quad ds \ldots \text{Linienelement}$$

der vierdimensionalen Welt.

Die NEWTONsche Formulierung des Gravitationsgesetzes stellt
sich dabei als eine erste Näherung heraus; die aus ihm folgenden
KEPLERschen Gesetze der Planetenbewegung nehmen kompli-
ziertere Formen an und lassen eine im allgemeinen schwache
Periheldrehung der Ellipsenbahnen erwarten und im besonderen
die an der Bahn des Merkur beobachtete erklären.

B. Mechanik des Massenpunktes.

Jeder Körper kann als ein System von Massenpunkten (abgekürzt Mp) aufgefaßt werden, die sich durch sog. innere Kräfte
wechselseitig beeinflussen. Ist im Idealfall die gegenseitige Lage
der Mp unveränderlich, so spricht man vom „starren" Körper.
In der Mechanik wird zuerst der einzelne Mp behandelt, der
wegen seiner Unabhängigkeit von den Einflüssen der räumlichen
Ausdehnung, Formänderung und Eigenrotation als einfachstes
Gebilde gelten kann. Die so gewonnenen Lehrsätze werden dann
auf Punktsysteme übertragen.

9. Newtons Axiome.

Durch Extrapolation von Erfahrungstatsachen — gewonnen
unter Bedingungen, bei denen $v \lll c$ und $m \ggg$ Masse des Atoms
war — auf ideale Grenzfälle wurden als grundlegende Postulate
der klassischen Mechanik von ISAAK NEWTON (1643—1727) die
vier Axiome und das Gravitationsgesetz abgeleitet. Die Axiome
(vgl. dazu I, 1 und 17) lauten:

a) Ein mit der Umwelt in keinerlei Wechselwirkung stehender,
also kräftefreier Mp behält seinen Bewegungszustand, charakterisiert durch den Impuls (Bewegungsgröße) $G = mv$, nach Richtung
und Betrag unverändert bei (sog. Trägheitsaxiom).

b) Ändert G seinen Betrag oder seine Richtung oder beides,
dann nennt man die Ursache hierfür eine Kraft und mißt deren

Größe an der Änderung von G je Zeiteinheit, also durch $K = \dfrac{dG}{dt}$ (Kraftdefinition). Wird darin die Masse als unveränderlich vorausgesetzt, dann erhält man

$$K = m\,\frac{dv}{dt} = mb \text{ mit } b \text{ (Beschleunigung)} = \frac{dv}{dt}.$$

Hieraus bestimmt sich im cm-g-s-System einerseits die Dimension der Kraft zu $[K] = [l\,m\,t^{-2}]$, anderseits als Einheit jene Kraft (1 Dyn), die der Masse ein g die Beschleunigung $1\ \mathrm{cm}\cdot\mathrm{s}^{-2}$ erteilt.

Ändert sich in v *nur* der Betrag, dann liegt dv in der gleichen Richtung wie $v = ds/dt$ und es wird $b_{\parallel} = d^2 s/dt^2$ unabhängig von v (Abb. 2).

Ändert sich in v *nur* die Richtung, z. B. um $d\varphi$, dann steht dv senkrecht auf v, es gilt $dv = v \cdot d\varphi$ und $b_{\perp} = v \cdot d\varphi/dt = v \cdot \omega$,

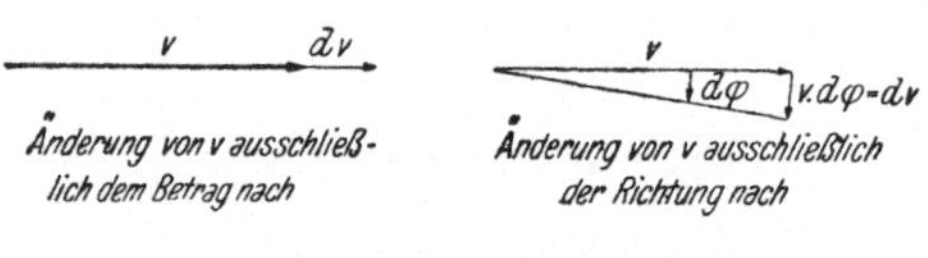

wenn die Winkelgeschwindigkeit $d\varphi/dt$ mit ω bezeichnet wird; jetzt ist b von v abhängig.

c) Die Wirkungen mehrerer am gleichen Mp angreifenden Kräfte sind voneinander unabhängig und dieselben, wie wenn sie nacheinander angriffen. Daher wird die Resultierende nach dem Satz vom Kräfteparallelogramm gefunden, sei es auf graphischem (Abb. 2),

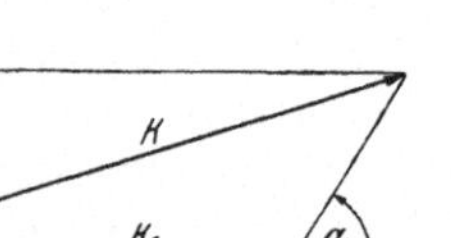

Abb. 2. Vektorielle Zusammensetzung zweier Kräfte.

sei es auf rechnerischem Weg: $K^2 = K_1{}^2 + K_2{}^2 + 2\,K_1\,K_2\cos\alpha$. Die Kraft ist ein Vektor mit Betrag *und* Richtung.

d) Für jede Kraftwirkung gilt actio gleich reactio. Die Kraft wirkt *zwischen* den Kraftzentren, ihre Wirkung ist eine wechselseitige.

10. Komponentenzerlegung der Kraft.

Ist die Bewegung keine geradlinige, wird also im allgemeinen Fall Betrag *und* Richtung von G durch die angreifende Kraft geändert, dann kann durch die Anwendung des dritten Axioms, durch Komponentenzerlegung, eine Zurückführung auf den einfacheren Fall der geradlinigen Bewegung erreicht werden. Von den vielen Möglichkeiten der Zerlegung seien zwei angeführt.

a) *Rechtwinklige Koordinaten.* Will man Komponenten, die für die ganze Bahn unveränderliche Richtung haben, so verwendet man die Projektion auf rechtwinklige Koordinaten. Schließt im gegebenen Augenblick die Richtung der Kraft die Winkel α, β, γ mit den Koordinatenachsen ein, so sind die Kraftkomponenten:

$$\left.\begin{array}{l} X = K \cos \alpha, \\ Y = K \cos \beta, \\ Z = K \cos \gamma \end{array}\right\} \ \text{mit} \ \left\{ \begin{array}{l} \cos^2 \alpha + \cos^2 \beta + \cos^2 \gamma = 1, \\ \quad X^2 + \ Y^2 \ + \ Z^2 \ = K^2. \end{array} \right.$$

Ist ferner die Bewegung des Mp durch die Projektionen dargestellt:

$$x = \varphi\,(t), \qquad y = \chi\,(t), \qquad z = \psi\,(t),$$

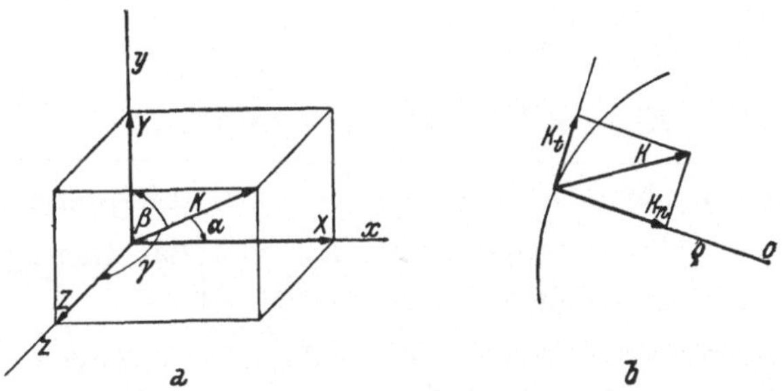

Abb. 3. a) Rechtwinklige, b) natürliche Komponentenzerlegung der Kraft.

dann sind die projizierten Momentangeschwindigkeiten:

$$v_x = \frac{dx}{dt} = \varphi'\,(t), \ v_y = \frac{dy}{dt} = \chi'\,(t), \ v_z = \frac{dz}{dt} = \psi'\,(t)$$

und die Beschleunigungskomponenten:

$$b_x = \frac{d^2 x}{dt^2}, \quad b_y = \frac{d^2 y}{dt^2}, \quad b_z = \frac{d^2 z}{dt^2};$$

da diese Komponenten gleichgerichtet sind mit den Kraftkomponenten, so ist die verlangte Zurückführung auf geradlinige Bewegung in den Achsen erreicht und es gilt:

$$X = m \frac{d^2 x}{dt^2}, \quad Y = m \frac{d^2 y}{dt^2}, \quad Z = m \frac{d^2 z}{dt^2}.$$

Schreibt man diese Beziehungen in der Form $X - m \dfrac{d^2 x}{dt^2} = 0$ usw., dann kann man (D'ALEMBERT) interpretieren: Den Komponenten X, Y, Z der wirkenden Kräfte wird das Gleichgewicht gehalten durch die Komponenten der „Trägheitskräfte" $-m\,\dfrac{d^2 x}{dt^2}$ usw. (gedankliche Rückführung der Bewegungsaufgabe auf ein Gleichgewichtsproblem).

b) *Natürliche Koordinaten.* Will man im Falle einer krummlinigen Bewegung aus Zweckmäßigkeitsgründen Komponenten haben, von denen die eine nur die Richtung, die andere nur den Betrag von G ändert, dann zerlegt man in die Tangentialkraft K_t und die Normalkraft K_n. Erstere wirkt in der Bahntangente und ist immer gleichgerichtet mit der Momentangeschwindigkeit, daher $K_t = m \cdot dv/dt$; letztere steht immer senkrecht zur Bahn und liegt in der Richtung des Krümmungsradius ϱ; sie verändert nur die Richtung von G. Ihre Größe ist, da (nach I, 9) $b_n = v\,\omega$,

$$K_n = m\,v\,\omega.$$

Weil:
$$\omega = \frac{d\varphi}{dt} = \varrho\,\frac{d\varphi}{dt}\cdot\frac{1}{\varrho} = \frac{ds}{dt}\cdot\frac{1}{\varrho} = \frac{v}{\varrho}$$

wird
$$K_n = m\,\frac{v^2}{\varrho} \quad\text{oder}\quad K_n = m\,\omega^2\,\varrho.$$

Geschrieben in der Form $K_n - \dfrac{m\,v^2}{\varrho} = 0$, interpretiert man: Der Normal- oder Zentripetalkraft K_n wird das Gleichgewicht gehalten von der Trägheits- oder Zentrifugalkraft $\dfrac{m\,v^2}{\varrho}$. — Natürliche Koordinaten werden im Sonderfall der Kreisbewegung nützlich sein, weil bei dieser der Krümmungsmittelpunkt seine Lage für die ganze Bahn unverändert beibehält.

11. Zeitintegral, Wegintegral der Kraft.

Je nachdem, ob man die Kraft während einer bestimmten Zeit oder entlang einem bestimmten Weg auf den Mp wirken läßt, erhält man verschiedene Maße für die Kraftwirkung.

Im ersten Fall bezeichnet man $K \cdot dt$ als den Antrieb, $\int K \cdot dt$ als das Zeitintegral der Kraft K. Für die geradlinige Bewegung ist:

$$\int_0^t K\,dt = \int_0^t m\,\frac{dv}{dt}\,dt = \int_0^t m\,dv = \int_0^t d\,(m\,v) =$$
$$= m\,v_t - m\,v_0 \equiv G_t - G_0. \tag{1}$$

Die Kraftwirkung wird hier an der Differenz der Impulse zu Beginn und am Ende der Einwirkungszeit gemessen. Dies ist eine Folge der Kraftdefinition $K \cdot dt = dG$.

Im zweiten Fall bezeichnet man, vorausgesetzt, daß ds in der Richtung von K liegt, $K \cdot ds$ als die Arbeit, $\int K \cdot ds$ als das Wegintegral der Kraft. Für die geradlinige Bewegung ist:

$$\int_0^s K\,ds = \int_0^s m\,\frac{dv}{dt}\,ds = \int_0^s m\,v\,dv = \int_0^s d\left(\frac{m\,v^2}{2}\right) =$$

$$= \frac{m\,v^2{}_s}{2} - \frac{m\,v^2{}_0}{2} = L_s - L_0. \tag{2}$$

Hier wird die Kraftwirkung an der Differenz der kinetischen Energie $L \equiv \frac{1}{2}\,m\,v^2$ gemessen. Aus (1) und (2) folgt weiter:

$$K = \frac{dG}{dt} = \frac{dL}{ds}, \qquad G = \frac{dL}{dv}. \tag{3}$$

Die Dimension der Arbeit ist: $[A] = [l^2\,m\,t^{-2}]$. Ihre Maßeinheit ist das Erg, d. i. die Arbeit der Kraft 1 Dyn entlang 1 cm.

Die Verhältnisse bei der krummlinigen Bewegung kann man auf jene bei der geradlinigen zurückführen durch Zerlegung in rechtwinklige Koordinaten. Man beachte dabei, daß G ein Vektor, L aber ein Skalar ist. Weil nämlich:

$$v = \sqrt{v_x{}^2 + v_y{}^2 + v_z{}^2}, \quad \text{bzw.} \quad v^2 = v_x{}^2 + v_y{}^2 + v_z{}^2,$$

so folgt:

$$G \equiv m\,v = \sqrt{G_x{}^2 + G_y{}^2 + G_z{}^2}, \quad L \equiv \frac{m\,v^2}{2} = L_x + L_y + L_z \quad \text{bzw.}$$

$$K\,ds = X\,dx + Y\,dy + Z\,dz.$$

Dies bedeutet vektorielle Zusammensetzung der Komponenten von G, jedoch einfache Summierung der Komponenten von L bzw. A.

Das Integral $\int_1^2 K\,ds = \int_1^2 [X\,dx + Y\,dy + Z\,dz]$ nimmt eine besonders einfache Form an, wenn der Klammerausdruck ein vollständiges Differential, z. B. $-dV$, ist. Denn dann wird:

$$X\,dx + Y\,dy + Z\,dz = -dV = -\left[\frac{\partial V}{\partial x}\,dx + \frac{\partial V}{\partial y}\,dy + \frac{\partial V}{\partial z}\,dz\right];$$

$$\text{daher:} \quad \int_1^2 K\,ds = -\int_1^2 dV = \int_1^2 dL \begin{cases} dL = -dV \\ L_2 + V_2 = L_1 + V_1. \end{cases} \tag{4}$$

Die Größe der geleisteten Arbeit hängt in diesem Fall, so wie beim eindimensionalen Problem (s. o.), nur ab von den Grenzen des Integrals, nicht aber von der Form des Weges, der zwischen den beiden Grenzen eingeschlagen wurde. Überdies bleibt die Summe von kinetischer (L) und potentieller Energie (V) eine von Ort und Zeit unabhängige Konstante. Dieser Satz von der Erhaltung der *mechanischen* Energie $L + V =$ konst. gilt aber nur für sog. konservative Kräfte. Er gilt z. B. nicht mehr, wenn Reibung im Spiele ist. Der *allgemeine* Satz von der Erhaltung der Energie, der auch solche Verhältnisse erfaßt, bildet eine an anderer Stelle abzuhandelnde außerordentliche Erweiterung.

12. Die Momente von Kräften und Impulsen; Flächengeschwindigkeit.

Unter dem Moment M der Kraft K in bezug auf den Punkt O versteht man (Abb. 4) das Produkt $K \cdot l$, das ist Kraft mal Hebelarm. M mißt die Drehwirkung von K um die zur Momentebene (definiert durch die Strecken für K und l) senkrechte, durch O gehende Drehachse. Dem Betrag nach ist M gleich dem doppelten Flächeninhalt des Dreieckes OAB oder gleich $r \cdot K \cos \beta$, wenn $r = l/\cos \beta$ der Abstand des Angriffspunktes A von O und $K \cdot \cos \beta$ die Projektion von K auf die zu r senkrechte Richtung

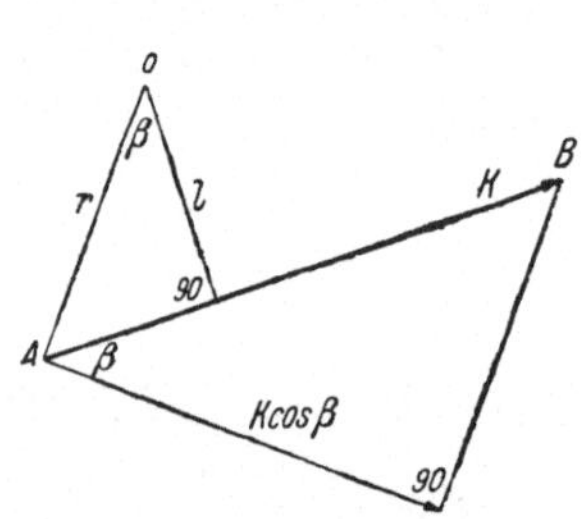

Abb. 4. Zur Definition des Momentes einer Kraft.

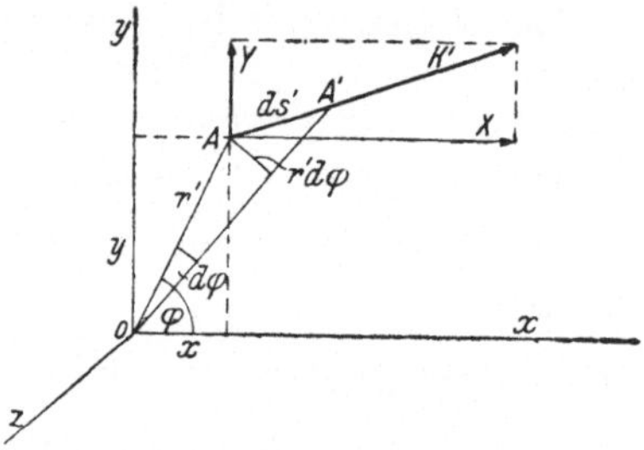

Abb. 5. Komponentenzerlegung von Momenten.

ist. Das Vorzeichen von M wird positiv oder negativ gesetzt, je nachdem, ob die Drehung entgegen oder mit dem Sinn der Uhrzeigerdrehung erzwungen wird. Am selben Mp A angreifende Kräfte addieren somit ihre Momente algebraisch, so wie sich ihre Momentflächen $K \cdot l$ addieren, zu einem resultierenden Moment $\Sigma K_i l_i$, vorausgesetzt, daß die Momentflächen in ein und derselben Ebene liegen; andernfalls addieren sich nur ihre Projektionen.

Eine Kraft K mit den Komponenten X, Y, Z greife an einem Mp mit den Koordinaten x, y, z an und verursache eine Verschiebung ds (Komponenten dx, dy, dz) in der Zeit dt. Die Projektion dieses Vorganges (Abb. 5) auf die xy-Ebene σ_z (Index z, weil $\sigma_z \perp z$-Achse) liefert dort die Kraft $K' = \sqrt{X^2 + Y^2}$, den Angriffspunkt $A\,(x, y)$, die Verschiebung $ds' = \sqrt{(dx)^2 + (dy)^2}$. A habe, bezogen auf die x-Achse als „Polarachse", die „Polarkoordinaten" r' (Fahrstrahl oder Radiusvektor) und φ (Argument). Infolge der Verschiebung von A nach A' $(\overline{AA'} = ds')$ überstreicht der Fahrstrahl r' die Fläche des Dreiecks OAA', deren Inhalt gegeben ist durch $\frac{1}{2}\, r' \cdot r'\, d\varphi$ (das ist Basis r' mal halber Dreieckshöhe $r'\,d\varphi$); der doppelte Wert, bezogen auf die Zeiteinheit, also

$$r'^2 \frac{d\varphi}{dt} = f_z \tag{1}$$

werde als „Flächengeschwindigkeit" f_z in der Ebene σ_z bezeichnet. Weil:

$$x = r' \cos\varphi, \qquad y = r' \sin\varphi, \tag{2}$$

folgt:

$$\frac{dx}{dt} = \cos\varphi \frac{dr'}{dt} - r' \sin\varphi \frac{d\varphi}{dt}, \quad \frac{dy}{dt} = \sin\varphi \frac{dr'}{dt} + r' \cos\varphi \frac{d\varphi}{dt} \tag{3}$$

und daraus:

$$x \frac{dy}{dt} - y \frac{dx}{dt} = r'^2 \frac{d\varphi}{dt} = f_z. \tag{4}$$

Somit erhält man nach Multiplikation mit m und Differenzieren nach t:

$$m \frac{df_z}{dt} = m \frac{d}{dt}\left(x \frac{dy}{dt} - y \frac{dx}{dt} \right). \tag{5}$$

Die rechte Seite läßt sich umformen entweder in:

$$\frac{d}{dt}\left(x \cdot m \frac{dy}{dt} - y \cdot m \frac{dx}{dt} \right) = \frac{d}{dt}(x \cdot m\, v_y - y \cdot m\, v_x) =$$

$$= \frac{d}{dt}(x \cdot G_y - y \cdot G_x) \tag{6}$$

oder in:

$$m\left(\frac{dx}{dt} \frac{dy}{dt} + x \frac{d^2 y}{dt^2} - \frac{dy}{dt} \frac{dx}{dt} - y \frac{d^2 x}{dt^2} \right) = x \cdot m \frac{d^2 y}{dt^2} -$$

$$- y \cdot m \frac{d^2 x}{dt^2} = x \cdot Y - y \cdot X. \tag{7}$$

$x \cdot Y$ ist das in der σ_z-Ebene gelegene Moment der Kraftkomponente Y, $y \cdot X$ jenes der Komponente X; ersteres wirkt gegen, letzteres mit dem Uhrzeigersinn, ihre algebraische Summe liefert das Gesamtmoment M_z um die z-Achse. G_y und G_x sind die Komponenten des Impulses G, $x \cdot G_y$ und $y \cdot G_x$ werden als die entsprechenden „Impulsmomente" um die z-Achse bezeichnet.

Durch Indexvertauschung erhält man die analogen Beziehungen für die mit σ_z gleichberechtigten, zu den Achsen x und y senkrechten Koordinatenebenen σ_x und σ_y. Somit ergibt sich:

$$\left.\begin{aligned}
M_x &\equiv y\,Z - z\,Y = \frac{d}{dt}(y\,G_z - z\,G_y) \\[4pt]
M_y &\equiv z\,X - x\,Z = \frac{d}{dt}(z\,G_x - x\,G_z) \\[4pt]
M_z &\equiv x\,Y - y\,X = \frac{d}{dt}(x\,G_y - y\,G_x)
\end{aligned}\right\} \tag{8}$$

$$M_x = m\,\frac{df_x}{dt}, \quad M_y = m\,\frac{df_y}{dt}, \quad M_z = m\,\frac{df_z}{dt}. \tag{9}$$

Die Gleichungen (8) besagen allgemein: Bei der Bewegung eines Mp ist das Moment der resultierenden Kraft um eine beliebige Achse gleich der zeitlichen Änderung des Impulsmomentes um diese Achse. Die Gleichungen (9) besagen, daß diese Änderung des Impulsmomentes bei ebener Bewegung dargestellt werden kann durch das Produkt aus Masse und zeitlicher Änderung der Flächengeschwindigkeit $\left(\text{Flächenbeschleunigung } \dfrac{df}{dt}\right)$. Beides in völliger Analogie zum zweiten NEWTONschen Axiom (I, 9 b). Ist im speziellen Fall das Kraftmoment Null, dann sind Impulsmoment und Flächengeschwindigkeit zeitlich konstant. Der Fahrstrahl überstreicht in gleichen Zeiten gleiche Flächen (sog. Flächensatz); dies entspricht dem auf geradlinige Bewegung angewandten ersten NEWTONschen Axiom (I, 9 a). Die Rolle, die dort Kraft, Impuls, Geschwindigkeit in einer bestimmten Richtung spielen, übernehmen hier Kraftmoment, Impulsmoment, Flächengeschwindigkeit in einer bestimmten Ebene.

Diese Analogie legt es nahe, auch die hier auftretenden Größen durch gerichtete Strecken so zu repräsentieren, daß für diese die Vorschriften der vektoriellen Addition anwendbar sind. Man erreicht dies, wenn man den Momentvektor senkrecht zu der durch die Richtung von Kraft und Hebelarm gegebenen Momentebene ansetzt, seine Länge gleich dem Betrag der Fläche $K \cdot l$ macht und bezüglich des Vorzeichens z. B. die Vereinbarung trifft, daß positive Momente eine Drehung bewirken, die von der Spitze des Vektors aus gesehen gegen den Uhrzeigersinn erfolgt. Solche Momentvektoren addieren sich dann algebraisch, wenn die zugehörigen Momente in ein und derselben Ebene liegen; anderfalls addieren sich die dann nicht mehr in der gleichen Richtung liegenden Momentvektoren vektoriell.

13. Zentralbewegung.

Zentralbewegung nennt man die Bewegung eines Mp dann, wenn sie unter dem Einfluß einer „Zentralkraft" erfolgt, d. i. einer nach einem festen Punkt, dem Zentrum, gerichteten und nur von der Entfernung r zum Mp abhängigen Kraft. Unabhängig von der besonderen Form $\varphi\,(r)$ des Kraftgesetzes gelten bezüglich der Bewegung folgende allgemeine Sätze:

1. Die Bahn liegt in einer durch das Zentrum gelegten Ebene.
2. Der vom Zentrum nach dem Mp gezogene Fahrstrahl r überstreicht in gleichen Zeiten gleiche Flächen (KEPLERS zweites Ge-

setz, sog. Flächensatz. Da die Kraft stets in die Richtung des Fahrstrahles fällt, muß zwischen den Komponenten von r und jenen der Kraft die Proportion $x : y : z = X : Y : Z$ bestehen; daher sind die Momentkomponenten, z. B. $x \cdot Y - y \cdot X$, gleich Null. Daraus folgt nach I, 12, 9: $df/dt = 0$ oder $f = $ konst.). 3. Die Bahngeschwindigkeit hat an allen jenen Stellen gleiche Werte, für die r gleich groß ist. 4. Die Bahnkurve ist symmetrisch in bezug auf jeden kürzesten und längsten Fahrstrahl. — Weitere Gesetze hängen von der speziellen Form der Funktion $\varphi\,(r)$ ab. Zwei Hauptfälle:

a) Im Falle der NEWTONschen *Gravitationskraft* (Kepler-Ellipsen) ist $\varphi\,(r) = k \cdot m/r^2$, worin k eine das Kraftzentrum charakterisierende Größe ist, gebildet aus der Masse des Zentralkörpers mal der Gravitationskonstanten γ. Sofern die Bahnen geschlossen sind, sind sie Ellipsen (einschließlich Kreis), deren *Brennpunkt* mit dem Kraftzentrum zusammenfällt. Näheres hierüber in I, 14.

b) Im Falle einer *quasielastischen Zentralkraft* (Ellipse der elastischen Schwingung) ist $\varphi\,(r) = f \cdot r$, worin f, die Federkraft, konstant ist. Die Bahn ist eine Ellipse (einschließlich Kreis und Gerade), deren *Mittelpunkt* mit dem Kraftzentrum zusammenfällt. Näheres hierüber in I, 15.

Die Fälle a und b stellen typische Beispiele dar für die *periodische Bewegung* von Körpern, die mit hinreichender Näherung als Massenpunkte aufgefaßt werden können.

Zentralkräfte gehören zu den konservativen Kräften (I, 11); d. h. es existiert eine nur von den Koordinaten des Aufpunktes (jener Punkt, „auf" den die Kraftwirkung betrachtet wird) abhängige Kraftfunktion V, deren negative Ableitung nach irgendeiner Richtung die Kraft in dieser Richtung angibt. Hat nämlich in bezug auf das in den Koordinatenursprung verlegte Kraftzentrum der Aufpunkt mit den Koordinaten x, y, z die Entfernung r, die Kraft daselbst den Wert K und die Komponenten X, Y, Z, dann gilt wegen des Zusammenfallens der Richtungen von r und K stets:

$$r^2 = x^2 + y^2 + z^2, \quad \frac{\partial r}{\partial x} = \frac{x}{r}, \quad \left\{ \begin{array}{l} x = r \cos \alpha, \\ X = K \cos \alpha, \end{array} \right\} \quad X = K\,\frac{x}{r} = K\,\frac{\partial r}{\partial x};$$

$$\text{analog:} \quad Y = K\,\frac{\partial r}{\partial y}, \quad Z = K\,\frac{\partial r}{\partial z}. \tag{I}$$

Ist nun $K = \varphi\,(r)$ *nur* eine Funktion von r, dann *muß* es eine Funktion V geben derart, daß $K = - dV/dr$ gilt. Im Fall a ist dies $V = km/r$, im Fall b $V = - fr^2/2$. Dann nehmen die Gleichungen (I) die Form an:

$$X = -\frac{\partial V}{\partial x}, \quad Y = -\frac{\partial V}{\partial y}, \quad Z = -\frac{\partial V}{\partial z} \tag{2}$$

und liefern für das vollständige Differential dV den Ausdruck (vgl. I, 11):

$$dV = \frac{\partial V}{\partial x}\, dx + \frac{\partial V}{\partial y}\, dy + \frac{\partial V}{\partial z}\, dz =$$
$$= -(X\, dx + Y\, dy + Z\, dz) = -K\, dr \tag{3}$$

14. Das Gravitationsfeld.

Aus den empirischen Gesetzen, die von GALILEI über die terrestrische Erscheinung des freien Falles und von KEPLER über die astronomische Erscheinung der Planetenbewegung aufgestellt wurden, leitete ISAAK NEWTON im Jahre 1686 das Gravitationsgesetz ab. Ein großartiges Beispiel für die geniale Zurückführung ganz verschiedener Erscheinungsgebiete auf ein und dieselbe Ursache, hier die universelle Gravitation: Zwei Massen m_1 und m_2 in der gegenseitigen Entfernung r üben aufeinander eine anziehende Kraft aus vom Betrag

$$|K| = \gamma\, \frac{m_1\, m_2}{r^2}. \tag{1}$$

Die Gravitationskonstante γ hat die Dimension Kraft mal Längenquadrat gebrochen durch Massenquadrat oder $l^3\, m^{-1}\, t^{-2}$. Zahlenmäßig ist sie aus (1) definiert als jene Kraft, die zwei Massen 1 in der Entfernung 1 aufeinander ausüben. Die experimentelle Bestimmung dieser Anziehung (z. B. mit der Drehwaage, CAVENDISH 1798) ergab: $= 6{,}66 \cdot 10^{-8}$ Dyn cm²/g². Die Wichtigkeit dieser universellen Konstanten erhellt aus dem Umstand, daß erst ihre Kenntnis die Ermittlung der Masse der Erde und anderer Himmelskörper ermöglicht.

Zur Form dieses Fundamentalgesetzes ist zu bemerken: Das symmetrische (vertauschbare) Auftreten beider beteiligter Massen entspricht dem Grundsatz actio = reactio. Der Wert 2 des Entfernungsexponenten hängt (vgl. I, 3) mit der Dreidimensionalität unseres Raumes, seine Ganzzahligkeit mit dessen Ebenheit zusammen. Da von den Eigenschaften der beteiligten Körper nur die (schweren) Massen auftreten, ist ihre chemische Natur, ihre Temperatur usw. ohne Einfluß.

Die Kraftwirkung kommt zustande, ohne daß die Massen miteinander in unmittelbarer Berührung stehen; die von den Kraftzentren ausgehende Kraft überspringt also den Zwischenraum, so wie dies auch bei den elektrischen und magnetischen Kräften der Fall zu sein scheint. Gegenüber diesen besteht aber der wesentliche Unterschied, daß es keine negativen Massen gibt und daß die Gravitation gänzlich unabhängig ist von den Eigenschaften des Zwischenmediums, daß es also keinen Absorber für diese Kraft gibt, daß man sie nicht abschirmen bzw. durch solche undurchlässige Schirme Strahlenbündel ausblenden kann. Auch gelingt es nicht, eine endliche Ausbreitungsgeschwindigkeit nachzuweisen. Es handelt sich also tatsächlich um eine Fernwirkung, eine „actio in distans", was begrifflich einige Schwierigkeiten bereitet. Man muß daraus folgern, daß, wenn irgendwo im leeren Raum plötzlich eine Masse entstünde, dieser Raum im gleichen Augenblick in seiner ganzen Ausdehnung verändert und zum Sitz eines *Kraftfeldes* wird. Die Eigenschaften eines solchen Feldes erkennt und mißt man, indem man mit Hilfe eines „Probekörpers" (im vorliegenden Fall eine so kleine Masse, daß die ihr zuzuschreibende Veränderung des Feldes gegenüber dem schon vorhandenen zu vernachlässigen ist) das Feld Punkt für Punkt abtastet und Größe und Richtung der Feldstärke, d. i. die Kraft auf die Masse 1, bestimmt. Man wird dann in einem Gravitationsfeld die weitere höchst sonderbare Erfahrung machen, daß die Kraft*wirkung* auf den Probekörper, nämlich die eintretende Beschleunigung, von der körpergebundenen Masse ebenfalls unabhängig ist. So daß also das Gravitationsfeld in der Umgebung einer zentralen Masse in der Tat einzig und allein eine lokal variierende ortsgebundene Eigenschaft des Raumes zu sein scheint. Man vergleiche dazu die Ausführungen in den Ziffern 17 und 8 über Scheinkräfte und die EINSTEINsche Gravitationstheorie.

Aus dem NEWTONschen Gesetz (1) lassen sich quantitative Folgerungen ziehen;

a) *Der freie Fall.* Ist E die Masse der Erde, $R = 6,4 \cdot 10^8$ cm ihr Radius, m die Masse eines Probekörpers in der Höhe h über dem Erdboden, dann ist dessen Fallbeschleunigung bestimmt durch:

$$m\,g = \gamma\,\frac{E\,m}{(R + h)^2}. \tag{2}$$

Links steht die träge Masse m, rechts die schwere; nur wenn deren Verhältnis konstant ist und z. B. vereinbarungsgemäß gleich 1 gesetzt wird, kürzt sich in (2) m heraus und man erhält speziell für kleine Werte von h ($h \ll R$)

$$g = \gamma\,\frac{E}{R^2}. \tag{3}$$

Es wird dann in Übereinstimmung mit der Erfahrung g unabhängig von m, jedoch abhängig von der geographischen Breite, da wegen der Abplattung der Erde R variiert und da wegen der Umdrehung der Erde die Peripheriegeschwindigkeit und mit ihr die in der Lotrichtung wirksame Komponente der Zentrifugalkraft gegen die Pole zu abnimmt. Am Äquator hat in Meereshöhe g den Wert 978, an den Polen jedoch 983 cm s^{-2}. Mit je 1 km Erhebung (h) über die Meereshöhe nimmt g um 0,3 cm s^{-2} ab. Ein aus größerer Höhe fallender Körper hat zu Beginn infolge der Erddrehung eine größere Horizontalgeschwindigkeit als der Erdboden und eilt diesem nach Osten voraus; die Aufschlagstelle ist daher gegen jene des lotrechten Falles nach Osten verschoben, beim Wurf nach aufwärts dagegen nach Westen (vgl. e).

b) *Die Masse der Erde.* Ist in (3) g, γ, R bekannt, dann ist E berechenbar. Man erhält $E = 6{,}0 \cdot 10^{27}$ Gramm. Für die mittlere Dichte folgt daraus (Masse durch Volumen) 5,5 g/cm^3, ein Wert, der wesentlich höher ist als die Dichte, die im Durchschnitt aus dem zugänglichen Teil der Erdkruste, also bis zu etwa 2 km Tiefe, ermittelt wird, nämlich 2,7. Man muß daraus auf eine Dichtezunahme gegen den Erdmittelpunkt schließen. In Übereinstimmung damit stehen die aus der Ausbreitung von Erdbebenwellen im Erdinnern gezogenen Schlüsse, ferner die Zunahme der Fallbeschleunigung in tiefen Bergwerksschächten (statt Abnahme, wie es bei einer homogenen Vollkugel zu erwarten wäre), sowie der Befund über die Zusammensetzung der Meteoriten, die als Stein- und Eisenmeteoriten auftreten, wie wenn sie von einem zerschlagenen Himmelskörper stammten, der so wie die Erde aus einer leichten Kruste und einem schweren Kern bestanden hat. Wahrscheinlich hat das Erdinnere bis zu etwa vier Fünftel des Radius die mittlere Dichte 8 (Eisenkern). — Ebenso wie E kann auch die Masse der anderen Körper unseres Sonnensystems bestimmt werden. wenn Entfernung und Umlaufszeit eines Trabanten bekannt sind [vgl. (4)]. Dabei ergibt sich, daß die Masse der Sonne die Summe der Masse aller Planeten noch um das 1000fache übertrifft, der Schwerpunkt des Sonnensystems also in der Sonne selbst liegt.

c) *Ebbe und Flut.* Das Auftreten der Flut an denjenigen Stellen der Erdoberfläche, die dem Mond gerade am nächsten und fernsten liegen, erklärt sich aus dem Unterschied der Anziehungskraft des Mondes, die auf den Erdmittelpunkt größer ist als auf die vom Mond abgewendete Stelle, aber kleiner als auf die ihm zugewendete. Der Kraftunterschied ist, wie man leicht elementar nachrechnen kann, proportional mit M/r^3 ($M =$ = Masse, $r =$ Mittelpunktsentfernung des Mondes zur Erde). Die leicht verschieblichen Wasserteilchen an der Konjunktionsstelle „fallen schneller" gegen den Mond als der Erdmittelpunkt, dieser schneller als die Wasserteilchen an der Oppositionsstelle. Dies bewirkt Zuströmen des Wassers zu diesen ausgezeichneten Stellen und die halbtägige Flutperiode. Übergelagert ist die analoge Wirkung der Sonne, die aber wegen des vergrößerten Wertes von r trotz größerer Masse S nur halb so groß ist als die des Mondes. Addieren sich beide Wirkungen (bei Voll- und Neumond), dann entsteht die Springflut, arbeiten sie sich entgegen (im ersten und letzten Mondviertel), die Nippflut. Zusätzliche Einflüsse, wie z. B. die Rotation der Erde, lokale Bodengestaltung u. a. m., machen die Erscheinung recht verwickelt.

d) *Die* KEPLER*schen Gesetze* lauten: 1. Die Planetenbahnen sind Ellipsen, in deren einem Brennpunkt die Sonne steht. — 2. Der Fahrstrahl eines Planeten überstreicht in gleichen Zeiten gleiche Flächen. — 3. Bei verschiedenen Planeten verhalten sich die Quadrate der Umlaufszeiten wie die Kuben der großen Halbachsen. — Da diese Gesetze den Ausgangspunkt für die Ableitung des Gravitationsgesetzes (1) bildeten, müssen sie umgekehrt aus ihm gefolgert werden können. Dazu ist beim ersten Satz eine etwas umständliche Rechnung nötig. Bezüglich des Flächensatzes vergleiche man I, 12 und 13. Der dritte Satz ergibt sich, wenn man die geringe Exzentrizität der Ellipsen vernachlässigt und mit Kreisbahnen rechnet, elementar aus (1) durch Gleichsetzen von Zentrifugalkraft mv^2/r (mit $v = 2\,r\,\pi/\tau$) und Anziehungskraft $\gamma\,m\,S/r^2$. Man erhält:

$$\frac{\tau^2}{r^3} = \frac{4\pi^2}{\gamma\,S}. \tag{4}$$

Die experimentelle Bestätigung der Konstanz von τ^2/r^3 beinhaltet den Nachweis, daß das Produkt $\gamma\,S$, bzw. die Gravitationskonstante γ selbst, in der ganzen Ausdehnung des Planetensystems ein und denselben Wert hat.

e) *Der Umlauf des Mondes um die Erde.* Hat ein Körper der Masse m im Abstand r vom Erdmittelpunkt ($r > R$) eine Horizontalgeschwindigkeit v^* von solcher Größe, daß seine für eine Kreisbahn gerechnete Zentrifugalkraft mv^{*2}/r der Anziehungskraft $\gamma\,m\,E/r^2 = \gamma\,E/R^2$. $m\,R^2/r^2 = g\,m\,R^2/r^2$ das Gleichgewicht hält, dann sind v^* und zugehörige Umlaufszeit τ^* bestimmt aus: $v^* = \sqrt{g\,R^2/r}$, $\tau^* = 2\,\pi\,\sqrt{r^3/g\,R^2}$ mit Normalwert $g = 981$ cm s^{-2}. Ist, wie im Falle des Mondumlaufes, $r = 60 \cdot R$ vorgegeben, dann folgt $\tau^* = 2{,}36 \cdot 10^6$ sec in Übereinstimmung mit der Erfahrung ($\tau^* = 27{,}3$ Tage).

Wird nach der Bahn einer an der Erdoberfläche ($r = R$) geworfenen Masse gefragt, dann ergibt sich: Für eine Kreisbahn muß $v^* = \sqrt{g\,R} \sim$ ~ 8 km/sec sein. Ist $v > v^*$, dann umkreist die Masse die Erde nicht in einer Kreis-, sondern in einer Ellipsenbahn, in deren „oberem" Brennpunkt (Abwurfsstelle im Perihel) der Erdmittelpunkt liegt. Ist $v < v^*$, dann liegt der Erdmittelpunkt im „unteren" Brennpunkt (Abwurfstelle im Aphel) der Bahnellipse, die aber nicht durchlaufen werden kann, da die Bahn die Erdoberfläche durchstößt; die Masse fällt zur Erde. — Ohne Luftwiderstand ist also die Wurfbahn ein Stück einer Ellipse, die jedoch wegen der angenäherten Homogenität (paralleler Verlauf der Kraftlinien) des Erdfeldes als Parabel angesehen werden kann. Der Luftwiderstand verändert die Bahn zur „ballistischen" Kurve. — Auch der frei fallende Körper, der im Augenblick des Freilassens die an der betreffenden Stelle vorhandene Peripheriegeschwindigkeit der Erdrotation mitbekommt, beschreibt eine derartige langgestreckte Ellipse, kenntlich an der unter a erwähnten Ostabweichung von der lotrechten Auffallstelle.

Das Potentialfeld der Erde. Der Potentialbegriff ist ein vielverwendetes Hilfsmittel zur qualitativen und quantitativen Beschreibung der Feldeigenschaften von Zentralkräften. Er hängt unmittelbar zusammen mit der potentiellen Energie V in konservativen Systemen (I, 11 und 13). Man versteht unter dem Potential U eines Aufpunktes jene Arbeit, die notwendig ist, um den Probekörper mit der Masse 1 (beim elektrischen Feld mit der Ladung 1) vom Aufpunkt in die Unendlichkeit, oder allgemeiner an eine Stelle mit dem Potential $U = 0$, zu schaffen. Wenn man über das noch nicht bestimmte Vorzeichen der Gravitationskraft (1) so verfügt, daß der allgemeinen Übung entsprechend K als stets r-verkleinernde Kraft negativ gesetzt wird, dann folgt:

$$K = -\gamma \frac{m\,M}{r^2}; \text{ daher nach I, 13 (3):}$$

$$dV = -K\,dr = +\gamma \frac{m\,M}{r^2}\,dr; \text{ somit: } V = C - \gamma \frac{m\,M}{r} \qquad (5)$$

mit C als unbestimmter Integrationskonstanten.

Die Arbeit, um die Masse m von einem Raumpunkt r_1 nach einem anderen r_2 zu verschieben, ist nach I, 11 (4) gleich der Differenz der zugehörigen potentiellen Energien:

$$\int_1^2 K\,dr = -\int_1^2 dV = V_1 - V_2 = \gamma\,m\,M \left(\frac{1}{r_2} - \frac{1}{r_1} \right) \qquad (6)$$

Ist $r_1 < r_2$ (die Masse „wird gehoben“), dann ist die Arbeit negativ, sie ist zu leisten. Ist $r_1 > r_2$ (die Masse „fällt freiwillig“), dann ist die Arbeit positiv und wird gewonnen, etwa in Form des Zuwachses an kinetischer Energie. Ist $r_2 = \infty$, dann ist die Arbeit:

$$V^* = -m\,\gamma \frac{M}{r}; \text{ daher das Potential } U \equiv \frac{V^*}{m} = -\gamma \frac{M}{r}. \qquad (7)$$

Aus (5) und (7) folgt: $V = C + m\,U$; die potentielle Energie V ist durch das Potential nur bis auf eine, von der Wahl des Bezugs- oder Nullpunktes abhängige Konstante bestimmt. Diese Einschränkung fällt fort bei der Verwendung von Potential*differenzen*:

$$m\,(U_2 - U_1) = V_2 - V_1.$$

Wird unter Feldstärke F die Kraft auf die Masseneinheit verstanden:

$$F \equiv \frac{K}{m}, \text{ dann gilt: } \frac{dU}{dr} \equiv \frac{1}{m} \frac{dV}{dr} = -\frac{1}{m} K = -F. \qquad (8)$$

In Worten: „*Potentialgefälle gleich negativer Feldstärke.*“

Raumpunkte mit gleichem Wert des Potentials U bilden in ihrer Gesamtheit Flächen, die als Niveau- oder Äquipotentialflächen bezeichnet werden. Da der Fläche entlang $U = \text{konst.}$ gelten, also kein U-Gefälle vorhanden sein soll, darf die Feldstärke keine Komponente in dieser Richtung aufweisen, muß somit senkrecht zur Niveaufläche stehen. Kraftlinien können sich daher nicht überkreuzen, da sich an der Überkreuzungsstelle Niveauflächen mit verschiedenen U-Werten schneiden müßten.

Es sei nochmals daran erinnert, daß dV und dU vollständige Differentiale sind, deren bestimmte Integrale nur von den Grenzen, nicht aber vom Integrationsweg abhängen. Der Weg ds, der von der Stelle U, r nach $U-dU$, $r + dr$ führt, kann daher mit dem in die Richtung der Feldkraft fallenden kürzesten Weg dr einen beliebigen Winkel einschließen, stets gilt:

$$F \cos (F, ds)\, ds = - dU = F\, dr \quad \text{bzw. auf endlichem Weg:}$$

$$\int_1^2 F \cos (F, ds)\, ds = U_1 - U_2. \tag{9}$$

Alle kraftsparenden Vorrichtungen (schiefe Ebene, Rolle, Flaschenzug) ändern nichts an der zu leistenden Hubarbeit; die Einsparung an Kraft erfolgt auf Kosten einer entsprechenden Wegverlängerung.

Mit Hilfe von Niveauflächen können nach dem Prinzip der kartographischen Schichtenlinien die Feldeigenschaften eines Raumquerschnittes übersichtlich graphisch dargestellt werden. Man zeichnet den Verlauf nur jener Niveaulinien (Schnittlinien zwischen Niveauflächen und Zeichenebene) ein, die gegeneinander eine bestimmte, dem gewählten Maßstab angepaßte Potentialdifferenz ΔU aufweisen. Die Orthogonalen zu ihnen geben die Richtung der Kraftlinien, die jeweiligen Abstände Δr, weil in $\Delta U/\Delta r = |F|$ der Zähler konstant ist, ein Maß für den Kehrwert von F an: Je dichter die Niveaulinien, um so größer die Feldkraft.

Die Niveauflächen einer punktförmigen oder kugelsymmetrischen Masse sind Kugelflächen, da nach (7) $U = \text{konst.}$ für $r = \text{konst.}$ ist. Insoweit bei terrestrischen Versuchen die Höhe h über dem Erdboden gegen den Erdradius vernachlässigbar ist ($r \ll R$), können die Kugelflächen durch parallele Ebenen ersetzt werden. Dann sind die Kraftlinien untereinander parallel, die Kraftliniendivergenz verschwindet; das Feld wird homogen genannt. Das Potentialgefälle hat dann an jeder Stelle des zugänglichen Raumes nach (3) den konstanten Wert:

$$\frac{dU}{dh} = - F = - \gamma \frac{E}{R^2} = - g. \tag{10}$$

Die Hubarbeit für die Masse m wird somit, wie bekannt:

$$m \int_0^h dU = - m \int_0^h g\, dh = - m\, g\, h.$$

15. Elastische Kräfte.

Im Gegensatz zur Kepler-Ellipse von I, 14 d ist bei der Schwingungsellipse nicht der Brennpunkt, sondern der Mittelpunkt das Beschleunigungszentrum. Das einfachste Beispiel bietet das mathematische konische Pendel, eine an gewichtslosem Faden im Schwerefeld aufgehängte punktförmige Masse. Um den Winkel α aus der Gleichgewichtslage gebracht und mit seitlichem Stoß in Bewegung gesetzt, umläuft der Mp bei kleinen Winkeln α in einer Ebene senkrecht zu h geschlossene, im allgemeinen elliptische Bahnen.

a) *Das Kreispendel.* Die Beschränkung auf Kleinheit von α entfällt, wenn es sich im besonderen um Kreisbahnen handelt; dazu muß die Anfangsgeschwindigkeit senkrecht zu r liegen und in einer aus (1) leicht angebbaren Beziehung zu α stehen. Gleichsetzen von Zentrifugalkraft mv^2/r (mit $v = 2\,r\,\pi/\tau$ und $r = l \cdot \sin\alpha$) und Zentralkraft K (Komponente $mg \cdot \operatorname{tg}\alpha$ der Schwerkraft mg in der Richtung r; die Komponente in der Richtung l, nämlich $mg/\cos\alpha$ wird durch die Fadenspannung aufgehoben) liefert mit $\operatorname{tg}\alpha = r/h$:

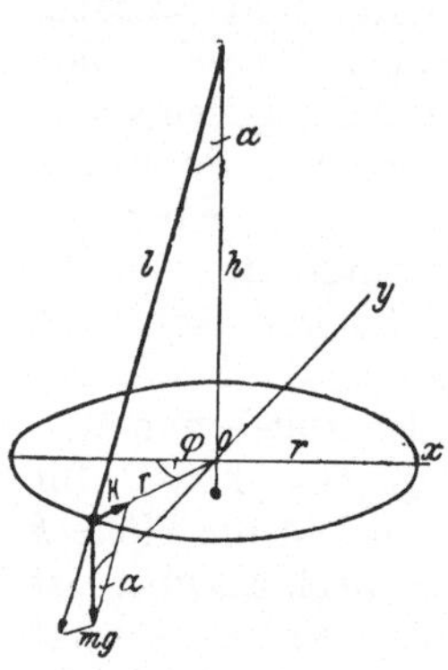

Abb. 6. Das Kreispendel.

$$\frac{4\,\pi^2\,m\,r}{\tau^2} = \frac{m\,g\,r}{h}, \quad \tau = 2\,\pi\,\sqrt{h/g}. \qquad (1)$$

Wieder (vgl. I, 14 a) steht links in (1) die träge, rechts die schwere Masse; *nur* wenn diese einander proportional sind bzw. vereinbarungsgemäß gleich gesetzt werden, fällt in der für τ angegebenen Formel (1) die Masse heraus. Der erbrachte experimentelle Nachweis betreffend die Unabhängigkeit des τ von m beweist somit neuerlich die Identität von „schwer" und „träg" (vgl. I, 2, 8, 14 a).

Die „rücktreibende" Kraft $K = -f \cdot r$ (sie wird, weil stets r-verkleinernd, üblicherweise negativ gesetzt) mit $f = mg/h$ ist somit bei vorgegebenem h der Auslenkung proportional; sie wird als quasielastisch bezeichnet und man spricht von der Gültigkeit des HOOKEschen Gesetzes. Im allgemeinen wird sich eine solche rücktreibende Kraft nur als eine Funktion $\psi(r)$ von r darstellen lassen, die bei Entwicklung zu einer vielgliedrigen Reihe $\psi(r) = -f \cdot r + A\,r^2 + B\,r^3 + \ldots$ führt. Wie immer aber $\psi(r)$ bzw. diese Reihe beschaffen sein mag, für so kleine Werte von r, daß die Glieder mit höherer Potenz als 1 vernachlässigbar werden, wird immer das HOOKEsche Gesetz gelten. Bei „unendlich kleinen Schwingungen", bei denen sich der ganze Vorgang in unmittelbarer Umgebung der Ruhelage abspielt, sind alle Gesetzmäßigkeiten einfach zu ermitteln und zu beschreiben, im anderen Fall erfordern sie einen höchst unbequemen mathematischen Aufwand.

Man bezeichnet f als Richt-, Feder- oder Direktionskraft und mißt sie in Dyn/cm. τ heißt die Periode oder Schwingungsdauer, gemessen in sec; $\nu = 1/\tau$, die Zahl der Schwingungen in der Sekunde heißt Frequenz; Einheit derselben ist das Hertz, Hz =

$= 1/\mathrm{sec}; \quad \omega \equiv \dfrac{2\,\pi}{\tau} = 2\,\pi\,\nu$, die Zahl der Schwingungen oder Umläufe in $2\,\pi$ sec heißt die Kreisfrequenz.

b) *Komponentenzerlegung von Kraft und Bahn.* Projiziert man den Vorgang von Abb. 6 auf die Umlaufsebene, dann entspricht (vgl. Abb. 7) der Bewegung des Pendelfadens der gleichförmige Umlauf eines „Zeigers", dessen konstante Winkel-

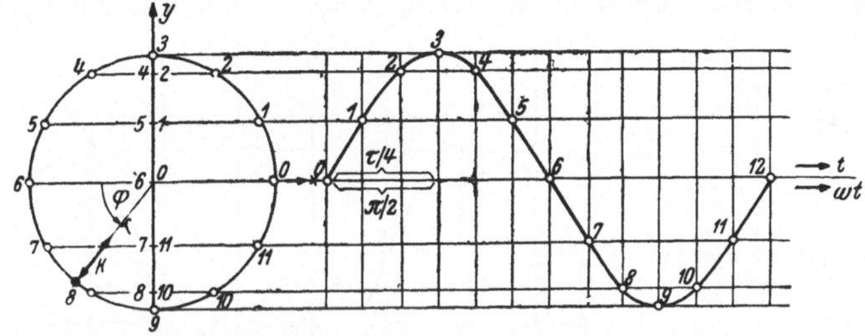

Abb. 7. Die Projektion eines umlaufenden Zeigers r ist gegeben durch $r \cdot \sin \omega\,t$ oder $r \cdot \cos \omega\,t$.

geschwindigkeit $d\varphi/dt = 2\,\pi/\tau = \omega$ ist und dessen Spitze den Mp berührt. Zerlegt man die rücktreibende Kraft in ihre x- und y-Komponente, so ergibt sich:

$$\left.\begin{aligned}
X &\equiv m\,\frac{d^2 x}{dt^2} = K \cos\varphi = -\,f\,r \cdot \cos\varphi = -\,f \cdot x \\[2pt]
x &= r\cos\varphi = r \cos\omega\,t \\[8pt]
Y &\equiv m\,\frac{d^2 y}{dt^2} = K \sin\varphi = -\,f\,r \cdot \sin\varphi = -\,f \cdot y \\[2pt]
y &= r\sin\varphi = r\sin\omega\,t = r\cos(\omega\,t - \pi/2).
\end{aligned}\right\} \quad (2)$$

mit

mit

Aus dieser Darstellung folgt, daß die bei der elliptischen elastischen Schwingung wirkende Zentralkraft K ersetzt werden kann durch das Zusammenwirken zweier zueinander rechtwinkliger Kräfte, die ihrerseits den Auslenkungskomponenten x, y proportional, also gleichfalls elastische Kräfte sind; ebenso wie x, y sind sie periodische Funktionen der Zeit. Analog wird die Bewegung des Massenpunktes in der elliptischen Bahn, die im Falle einer Kreisbahn eine gleichförmige ist, ersetzt durch die Überlagerung zweier linearer, zueinander senkrechter Schwingungsbewegungen, deren Frequenz mit der Umlaufsfrequenz übereinstimmt. Das Argument φ wird Phasenwinkel genannt; es bestimmt eindeutig den augenblicklichen Zustand der Schwingung, der auch als Phase bezeichnet wird.

c) *Die harmonische Schwingung.* Die periodische Bewegung entlang der x- oder y-Achse wird als „harmonische" Schwingung bezeichnet. Damit eine solche zustande kommt, muß nach (2) die Bewegungsgleichung die Form:

$$m\,\frac{d^2 s}{dt^2} = -\,f\cdot s \quad \text{oder} \quad \frac{d^2 s}{dt^2} = -\,\frac{f}{m}\cdot s = -\,\omega^2 s,\ \text{mit}\ \omega = \sqrt{\frac{f}{m}} \quad (3)$$

haben, die Beschleunigung muß proportional der negativen Elongation sein. Letztere läßt sich leicht als Funktion der Zeit t

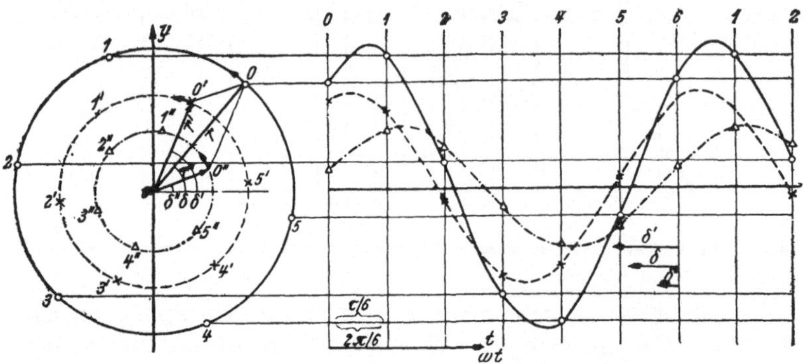

Abb. 8. Zusammensetzung gleichgerichteter und gleichfrequenter Schwingungen.

oder des Winkels $\omega\,t$ konstruieren. Da die Ordinate y die Projektion von r ist, erhält man die den Zeitpunkten $t = \dfrac{\tau}{n},\ \dfrac{2\,\tau}{n},\ \dfrac{3\,\tau}{n}\ .\ .$ entsprechenden Werte für y, wenn man die Kreisperipherie in n gleiche Teile teilt. Werden die so erhaltenen Projektionen auf der zu y senkrecht gelegten Zeitachse um je $\dfrac{\tau}{n}$ gegeneinander verschoben, so ergibt sich $y = r\cdot \sin\omega\,t$ bzw. $x = r\cdot\cos\omega\,t$ als Funktion der Zeit (Abb. 7).

d) *Zusammensetzung frequenzgleicher Schwingungen.* Die Überlagerung zweier oder mehrerer Schwingungen, die in „ungestörter Superposition" *nur* stattfindet, wenn die Teilschwingungen harmonisch, d. h. HOOKEschen Elastizitätskräften unterworfen sind, entspricht der einfachen vektoriellen Zusammensetzung der rücktreibenden Kräfte.

Im Falle *gleich*gerichteter und *gleich*frequenter Schwingungen handelt es sich somit um die algebraische Addition der im betreffenden Zeitmoment vorhandenen Teilelongationen zur Gesamtelongation. Konstruktiv findet man die zeitliche Abhängigkeit der Komponenten und Resultierenden nach dem Prinzip der Abb. 7. Die Teilschwingungen entsprechen den Projektionen zweier umlaufender Zeiger r' und r'', die je nach der vorhandenen Phasendifferenz $\delta'' - \delta'$ und Amplitude r', r'' sich bezüglich Größe und Richtung unterscheiden (Abb. 8). Die Superposition entspricht der Projektion des umlaufenden, durch vektorielle Addition erhaltenen Zeigers r. Die Ermittlung der zugehörigen Elongationen als Funktion der Zeit erfolgt analog zu Abb. 7. Allgemein ergibt sich: Gleichgerichtete Schwingungen gleicher Frequenz liefern bei ungestörter Superposition stets wieder eine geradlinige gleichfrequente Schwingung. Denn allgemein führt die Addition von i derartigen Teilschwingungen:

$$y = \sum_{}^{n} y_i \ \text{mit}\ y_i = r_i \sin(\omega t + \delta_i),\ i = 1, 2, 3 \ldots n \quad (4)$$

nach Entwickeln: $\sin(\omega t + \delta_i) = \cos \delta_i \sin \omega t + \sin \delta_i \cos \omega t$ durch die vielverwendete Umformung:

$$y = \sum_{}^{n} y_i = \left(\sum_{}^{n} r_i \cos \delta_i \right) \cdot \sin \omega t + \left(\sum_{}^{n} r_i \sin \delta_i \right) \cdot \cos \omega t =$$
$$= r \sin(\omega t + \delta) \quad (5)$$

mit

daher:

$$\sum_{}^{n} r_i \cos \delta_i = r \cos \delta; \ \sum_{}^{n} r_i \sin \delta_i = r \sin \delta;$$

$$r^2 = \left(\sum_{}^{n} r_i \cos \delta_i \right)^2 + \left(\sum_{}^{n} r_i \sin \delta_i \right)^2; \ \text{tg}\ \delta = \frac{\sum_{}^{n} r_i \sin \delta_i}{\sum_{}^{n} r_i \cos \delta_i}$$

wieder zur einfachen harmonischen Schwingung (5). Umgekehrt ist stets die Zerlegung einer einfachen Schwingung (5) in gleichfrequente Komponenten nach Art der Summe (4) möglich, wenn auch natürlich auf sehr viel verschiedene Arten.

Handelt es sich um die Zusammensetzung gleichfrequenter Schwingungen, die zueinander orthogonal sind, dann ist die Konstruktion ähnlich, nur zweidimensional. In Abb. 9 sei r_y der nach Art der Abb. 8 gewonnene resultierende Zeiger aller in der y-Richtung liegenden Teilschwingungen und das Analoge gelte für r_x. Die Projektionen dieser umlaufenden Zeiger setzen sich zu einer notwendig ebenen Schwingung zusammen. Haben sie z. B. die in der Zeichnung gewählte Phasenverschiebung $\delta = \tau/12$ (jene der Projektionen beträgt dann $\frac{\tau}{4} - \delta$), so müssen die y-Koordinaten der resultierenden Bewegung in jedem Augenblick Werte besitzen, die die x-Koordinaten um $\tau/12$ sec früher besaßen; zusammengehörig sind also die Koordinaten $x_i\, y_j$ mit $i = 1, 2, 3 \ldots .\ j = 2, 3, 4 \ldots$; also mit $j - i = 1$. Man erhält die die

Punkte $\times \cdot \times \cdot \times \ldots$ verbindende Ellipse. Wäre die Phasenverschiebung der Zeiger 0 oder $\dfrac{3\,\tau}{12}$, dann wäre $j - i = 0$ oder $= 3$ und man erhielte den Kreis oder die Gerade.

Merklich verwickelter werden die Verhältnisse in allen Fällen der Praxis, deren Amplituden fast nie hinreichend klein sind, deren

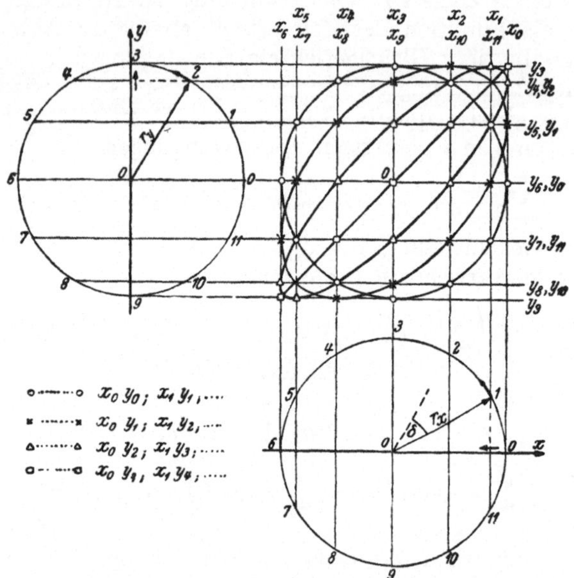

Abb. 9. Zusammensetzung gleichfrequenter linearer Senkrechtschwingungen
zu elliptischen Schwingungen.

rücktreibende Kräfte nur in erster Näherung als HOOKEsche Kräfte darstellbar sind und deren Beschreibung als harmonische Schwingung daher auch nur mehr als eine erste Näherung gelten kann. Ihre exakte mathematische Behandlung ist nicht mehr möglich und muß durch Näherungsverfahren ersetzt werden.

Merklich verwickelter sind auch die Fälle, bei denen es sich um die Superposition nicht-gleichfrequenter Schwingungen handelt, bzw. um die Umkehrung der Aufgabe, um die Zerlegung einer periodischen Bewegung in harmonische nicht-kommensurable Schwingungen.

Doch sind es gerade Probleme dieser Art, die in Wissenschaft und Praxis immer wieder auftreten. Ihre Behandlung muß einem Spezialstudium vorbehalten bleiben. Einzelne Beispiele werden allerdings an späterer Stelle noch gestreift werden müssen (I, 34).

16. Trägheitskräfte.

Jeder kennt die manchmal unwiderstehliche Gewalt, die bei plötzlicher Änderung des Geschwindigkeits*betrages* von bewegten Fahrzeugen auf die vorher im Gleichgewicht befindlichen Massen im Innern des Fahrzeuges einwirkt. Sie unterscheidet sich in nichts von einer meist bösartigen Kraft, und jeder Betroffene wird gefühlsmäßig geneigt sein, sie als solche zu klassifizieren. Gleichartiges gilt für die Änderung der Geschwindigkeits*richtung*; man denke an die oft grotesken Gleichgewichtsschwierigkeiten auf einem rasch rotierenden Karussell oder im Fahrzeug in der Kurve. Der Sprachgebrauch beschreibt den Sachverhalt treffend: Man wird „hinausgetragen".

Es sind dies die sog. Trägheitskräfte, „Reaktionen" auf die Veränderung des Geschwindigkeitszustandes, die ihrerseits die Einwirkung („actio") einer äußeren Kraft zur Ursache haben. Es handelt sich um besonders einprägsame Beispiele für das NEWTONsche Prinzip: Actio = Reactio. Als „Kräfte" werden diese Trägheitsreaktionen formuliert in der D'ALEMBERTschen Fassung der Bewegungsgleichungen (I, 10 a, b, I, 17).

Diese Kräfte nehmen eine Sonderstellung insofern ein, als die Ursache der Massenbeschleunigung relativ gegen das System nicht in einer innerhalb des Systems gelegenen Kraftquelle, sondern in einer Beschleunigung des Systems zu suchen ist, die ihrerseits auf eine meist systemfremde Kraft zurückgeht. Dem entspricht es, daß die Beurteilung und Klassifizierung des Sachverhaltes verschieden ausfällt, je nachdem, ob der Beobachter dem System angehört oder nicht.

Der Leidtragende im blockierten Fahrzeug registriert Kräfte, die an ihm angreifen. Der Zuseher auf der Straße stellt fest, daß das Fahrzeug, nicht aber sein nur lose mit ihm verbundener Inhalt, plötzlich an Geschwindigkeit verloren hat, so daß eine Relativbeschleunigung des Inhalts gegen das Fahrzeug mit allen ihren Folgen eingetreten ist. Er spricht nicht von einer „Kraft", nur von Folgen des Trägheitsgesetzes.

Ein zentraler Beobachter auf einer gleichförmig rotierenden Scheibe muß eine peripher gelegene Masse mit Kraftaufwand daran hindern, ihre Bahn geradlinig fortzusetzen und die Scheibe zu verlassen. Der Außenbeobachter beschreibt nach I, 10 b den Sachverhalt: Der Masse muß eine Zentralbeschleunigung $\omega^2 r$ mit Hilfe einer Zentralkraft $K = m\,\omega^2 r$ mitgeteilt werden, damit sie nicht ihrer Trägheit folgend geradlinig weiterfliegt. Dieser Zentralkraft K hält (actio = reactio) die sog. „Trägheitskraft" das Gleichgewicht und spannt den haltenden Faden. — Der Beobachter auf der Scheibe, für den ja die Masse sich mit der Scheibe *mit*bewegt, relativ gegen sie also ruht, stellt nur eine nach außen gerichtete Kraft K fest, deren Ursprung ihm ebenso unbekannt ist, wie uns jener der Gravitation, und der er mit der Fadenspannung das Gleichgewicht halten muß, wenn nicht die Masse, jener unbekannten Kraft folgend, das System *radial* (nicht tangentiell, wie der ruhende Beobachter, auf *sein* Koordinatensystem sich beziehend, aussagt) verlassen soll.

Bewegt sich in radialer Richtung der Drehscheibe eine Kugel z. B. in einer Rinne, dann stellt der Scheibenbeobachter fest, daß auf die Wände der Rinne ein seitlicher Druck ausgeübt wird, der je nachdem, ob die Kugel von innen nach außen oder in umgekehrter Richtung rollt, einmal die rechte, einmal die linke Wandung angreift, wenn die Scheibe sich gegen den Uhrzeiger dreht. Ohne Behinderung erhält die Kugel eine tangentielle Beschleunigung entsprechend einer „Coriolis-Kraft" $2\,m\,\omega \cdot (\pm\,u)$ und beschreibt eine (auf der Scheibe) gekrümmte Bahn. Für den nicht mitrotierenden Beobachter dagegen hat die Erscheinung nichts Verwunderliches: Die vom Zentrum auslaufende Kugel behält ihre einmal vorgegebene Geschwindigkeit nach Größe und Richtung bei und schreibt daher auf der unter ihr weggleitenden Scheibe eine Kurve auf, die sich nach der Anfangsgeschwindigkeit der Kugel und der nach außen hin zunehmenden Peripheriegeschwindigkeit $\omega\,r$ richtet. (Auf der Tatsache, daß die Peripheriegeschwindigkeit auf der Erdoberfläche mit der geographischen Breite und mit der Höhe variiert, beruht eine Anzahl bekannter Erscheinungen, wie die Drehung des FOUCAULTschen Pendels, die Ostablenkung des frei fallenden Körpers, die Entstehung der Passatwinde, zum Teil auch die Uferunterschiede meridianwärts fließender Flüsse u. a. m.)

In beiden Fällen, bei Änderung sowohl des Betrages als der Richtung der Systemgeschwindigkeit, ist den an den Massen beobachteten Trägheitserscheinungen der Umstand gemeinsam, daß die Relativbeschleunigungen begreiflicherweise von den Massen unabhängig und für alle betroffenen Massen gleich groß sind. Gemeinsam ist ferner, daß der Systembeobachter, der auf eine Kraft mb mit $b = $ konst. schließt, Fernwirkung (actio in distans, I, 14) mit unendlich schneller Ausbreitung der Wirkung und Unmöglichkeit ihrer Abschirmung beobachten muß. Kurz, es werden alle jene absonderlichen Eigenschaften des vermeintlichen Kraftfeldes vorhanden sein, die man auch beim Gravitationsfeld feststellen konnte. Daher ist ihnen allen, einschließlich des (homogenen) Gravitationsfeldes, auch gemeinsam, daß man den Kraftbegriff durch Wahl eines geeigneten Koordinatensystems sozusagen „wegtransformieren" kann. Bei den Trägheitskräften ist bereits jenes des relativ ruhenden Beobachters hiezu befähigt, bei der Gravitation hat die allgemeine Relativitätstheorie den Weg gezeigt.

17. Prinzipien der Mechanik.

Die Problemstellung bei den Aufgaben der Mechanik ist ja im allgemeinen: Gegeben sind für die Zeit $t = 0$ die Lage (x_i, y_i, z_i) der Massenpunkte m_i und ihre Geschwindigkeit $\left(\dfrac{dx_i}{dt}, \dfrac{dy_i}{dt}, \dfrac{dz_i}{dt}\right)$ in einem bestimmten Kraftfeld. Gesucht wird Lage und Geschwindigkeit der Mp zu einem beliebigen späteren Zeitpunkt, beides also als Funktion der Zeit. Man hat somit den Zusammenhang zwischen Kraft- (z. B. Gravitations-) feld und seiner Wirkung auf die Mp in Form von Differentialgleichungen (im einfachsten Fall z. B. $K = m \cdot d^2s/dt^2$) herzustellen — d. i. Aufstellung der „Bewegungsgleichungen" — und diese zu integrieren, und zwar unter Berücksichtigung der Anfangs- (Zustand für $t = 0$), der Neben- (z. B. Vorhandensein einer Zwangsführung) und der Randbedingungen (Zustand an der Beränderung des Gültigkeitsbereiches). Beim Übergang von den einfachen Aufgaben am frei beweglichen Einzelpunkt zu komplizierteren mit Beschränkungen durch Nebenbedingungen und Ausweitung auf ganze Punktsysteme macht sich bald das Bedürfnis nach allgemein gültigen Richtlinien für die rationelle Inangriffnahme solcher Probleme geltend. Die kurzen, stichwortartigen Hinweise dieses Abschnittes sollen diesbezüglich nicht mehr als einen flüchtigen Einblick vermitteln. Die Handhabung dieser Prinzipien und ihre praktische Verwertung ist eine heikle Angelegenheit und wird erst in der Hand des Geübten zu dem machtvollen Instrument, als welches sie gedacht sind.

Diese Prinzipien der Mechanik sind nun teils Axiome, wie z. B. NEWTONS Axiom $K = m \cdot b$, teils aus ihnen abgeleitete Folgerungen, wie der Satz von der Konstanz des Impulses, oder der Erhaltung der Energie in konservativen Systemen I, 11 (4), der Flächensatz I, 13, der Schwerpunktsatz I, 18 usw. Alle diese Sätze dienen dazu, praktisch verwendbare Anleitungen zu geben für die Aufstellung der Bewegungsgleichungen oder sogleich deren Integrale. Sie sind manchmal von stärkster heuristischer und ökonomischer Kraft; z. B. indem sie gewisse Möglichkeiten von vornherein ausschalten und zeitraubende Arbeit ersparen. Man denke nur an die Erfinder, die den Satz von der Erhaltung der Energie nicht wahr haben wollen und am berüchtigten „Perpetuum mobile" sich den Kopf einrennen. — Man kann nach dem Gesagten Differential- und Integralprinzipien unterscheiden. Einige derselben seien ergänzend, ohne Beweisführung, noch angegeben.

Differentialprinzipien. BERNOULLIS *Prinzip der virtuellen Verschiebungen.* Die notwendige und hinreichende Bedingung für das Gleichgewicht eines Systems von Mp besteht darin, daß die Gesamtarbeit der treibenden Kräfte, die sich im Gleichgewicht ja ausgleichen sollen, bei jeder virtuellen (d. i. eine zwar nur gedachte, aber doch mögliche, also mit den Systembedingungen verträgliche, sowie überdies kleine und von der Zeit ganz unabhängige) Bewegung gleich Null sein muß (δ = virtuelle Änderung oder Variation):

$$\sum K_i \, \delta s_i \equiv \sum X_i \, \delta x_i + \sum Y_i \, \delta y_i + \sum Z_i \, \delta z_i = 0. \qquad (1)$$

Dies ist, vgl. I, 11 (4), gleichbedeutend mit der Aussage, daß die potentielle Energie einen Extremwert haben muß (stabiles, labiles, indifferentes Gleichgewicht). Da die δx, δy, δz voneinander, weil willkürlich, völlig unabhängig sind, zerfällt (1) in

$$\sum X_i \, \delta x_i = \sum Y_i \, \delta y_i = \sum Z_i \, \delta z_i = 0.$$

Dieses Prinzip ist offenbar für Probleme des Gleichgewichts, der Statik, zugeschnitten. Von LAGRANGE stammt seine Erweiterung auf Fälle, bei denen infolge Zwangsführungen die Bewegung nicht frei ist. — Im Fall bewegter Systeme läßt sich das nun kinematische Problem auf ein statisches zurückführen, wenn man nach dem Prinzip actio = reactio die den eingeprägten Kräften das Gleichgewicht haltenden Trägheitskräfte, so wie in I, 10 a, b, von diesen abzieht und dann die virtuelle Verschiebung vornimmt. Man gelangt so zum Prinzip von D'ALEMBERT:

$$\sum \left(K_i - m_i \frac{d^2 s_i}{dt^2} \right) \delta s_i = \sum \left(X_i - m_i \frac{d^2 x_i}{dt^2} \right) \delta x_i = \ldots = 0. \qquad (2)$$

Integralprinzipien. Das Prinzip von MAUPERTUIS-LAGRANGE. Von allen zwischen Anfangs- (A) und End- (B) Zustand möglichen benachbarten Übergängen, die gleiche Gesamtenergie E verbrauchen, ist die wirklich eingeschlagene (die natürliche) Bahn jene, für die das Zeitintegral über die kinetische Energie L ein Minimum (allgemeiner: ein Extremwert) ist, für die also gilt:

$$\int L \, dt = \text{Min. oder } \delta \int L \, dt = 0. \qquad (3)$$

Weil $L = m\, v^2/2$, $L \cdot dt = \dfrac{m\,v}{2}\dfrac{ds}{dt} \cdot dt = \dfrac{m\,v}{2}\, ds$, gilt analog:

$$\int v\, ds = \text{Min. oder } \delta \int v\, ds = 0. \tag{3'}$$

Da das Produkt Energie mal Zeit als Wirkung bezeichnet wird (man erinnere sich an das „PLANCKsche Wirkungsquantum h", definiert aus $h = $ Energie/Frequenz $ = $ Energie mal Zeit), spricht man vom „*Prinzip der kleinsten Wirkung*", was besser ersetzt würde durch „Prinzip des kleinsten Aufwandes" (vgl. dazu das optische Prinzip von FERMAT I, 35 und die Verschmelzung beider in der Wellenmechanik I, 37).

Die allgemeinste und nicht nur auf mechanisches Geschehen anwendbare Form eines solchen Minimalprinzips wurde von HAMILTON angegeben: Von allen Bewegungen, die mit den Rand- und Nebenbedingungen verträglich sind, ist die eintretende Bewegung jene, für die $\int (L - V)\, dt$ ein Minimum wird, für die also gilt:

$$\delta \int (L - V)\, dt = 0;\ L = \text{kinetische, } V = \text{potentielle Energie.} \tag{4}$$

C. Mechanik starrer Körper.

Werden n Mp, von denen im freien Zustand jeder drei Freiheitsgrade (d. i. drei Bestimmungsstücke oder Parameter in Form von z. B. drei Ortskoordinaten oder drei Geschwindigkeitskomponenten) besaß, durch sog. „innere" Kräfte wechselseitig aneinander gebunden, so bilden sie ein „*Punktsystem*" mit insgesamt $3\,n$ Freiheitsgraden. Zur Beschreibung der „äußeren Bewegungen" des Systems als Ganzes werden sechs Bestimmungsstücke benötigt, nämlich drei für die Translation und drei für die Rotation. Es bleiben $3\,n$—6 Freiheitsgrade über zur Beschreibung von „inneren Bewegungen", die, da bei ihnen das System weder verschoben noch verdreht werden darf, offenbar nur innere Schwingungen sein können. Die inneren Kräfte bedingen Form und Volumen des Systems, sind also Funktionen der wechselseitigen Entfernungen der Mp; in deren Gleichgewichtslage heben sie sich gegenseitig auf. — In Fällen, bei denen im Sinne der Problemstellung innere Bewegungen außer Betracht bleiben, können diese inneren Kräfte als unendlich groß, die Punktsysteme als völlig starr angesehen werden. Die Einwirkung äußerer Kräfte auf starre Körper wird in den folgenden Abschnitten behandelt.

18. Die Translation (Schwerpunkts- oder Massenmittel-punkts-Verschiebung).

Von Translation spricht man, wenn alle Mp des Systems eine nach Richtung und Betrag gleiche fortschreitende Bewegung ausführen. Ein Kraftfeld, das — etwa so wie ein homogenes Schwerefeld — allen Mp die gleiche Beschleunigung erteilt, bewirkt eine solche Bewegung. Dabei werden die Entfernungen der Mp nicht geändert, die inneren Kräfte daher nicht beansprucht, und man kann von ihrem Vorhandensein bei der Behandlung des Problems überhaupt absehen. Infolge dieser Vereinfachung ergibt sich dann ohneweiters: Sei m_i mit den Koordinaten x_i, y_i, z_i einer der Mp, K_i mit den Komponenten X_i, Y_i, Z_i die auf ihn wirkende Kraft, dann gilt für m_i (so wie für alle anderen Mp) in der x-Richtung (so wie analog in der y- und z-Richtung):

$$X_i = m_i \frac{d^2 x_i}{dt^2}.$$

Bildet man die Summe über alle in der x-Richtung wirkenden und an den verschiedenen (!) Mp angreifenden Komponenten, so erhält man mit Rücksicht darauf, daß die Beschleunigung als für alle Mp gleich vorausgesetzt wurde ($b_x = d^2 \xi/dt^2$) und daß die $\Sigma m_i = M$ (Gesamtmasse) ist:

$$X = \sum X_i = \sum m_i \frac{d^2 x_i}{dt^2} = \frac{d^2 \xi}{dt^2} \sum m_i = M \frac{d^2 \xi}{dt^2}. \qquad (1)$$

Das heißt: Die Summe aller X-Komponenten verhält sich wie eine einzige an der Masse M angreifende Kraft. Frägt man weiter nach dem Angriffspunkt dieser Kraft, also nach den Eigenschaften der eingeführten repräsentativen Koordinate ξ, dann ergibt sich:

Weil nach (1) $\sum m_i \frac{d^2 x_i}{dt^2} = \frac{d^2}{dt^2}\left(\sum m_i x_i\right) = \frac{d^2}{dt^2}\left(\xi \cdot \sum m_i\right)$ folgt:

$$\xi = \frac{\Sigma m_i x_i}{\Sigma m_i}; \quad \text{und analog} \quad \eta = \frac{\Sigma m_i y_i}{\Sigma m_i}; \quad \zeta = \frac{\Sigma m_i z_i}{\Sigma m_i}. \qquad (2)$$

Nach Übertragung der gleichen Überlegung auf die y- und z-Koordinate stellt man somit fest: Wenn den Mp m_i eines Systems durch ein äußeres Kraftfeld *gleiche* fortschreitende Bewegung erteilt wird, verhält es sich so, wie wenn im „Massenmittelpunkt" mit den Koordinaten ξ, η, ζ und der Masse $M = \Sigma m_i$ die „Resultierende" aller parallelen Einzelkräfte $K = \Sigma K_i$ angriffe. Da nun dabei alle Mp die gleiche Bewegung wie der Massenmittelpunkt (oder „Schwerpunkt", abgekürzt Sp) ausführen, verhält sich das System wie ein starrer Körper, in dessen Sp die Resultierende angreift und dessen übrige Mp m_i durch die Starrheit zur gleichen Bewegung gezwungen sind.

Allgemein folgert man also: Die notwendige und hinreichende Bedingung für das Eintreten einer Translation eines Systems von Mp ist die, daß die äußeren Kräfte eine Resultierende durch den Schwerpunkt haben. Ist das nicht der Fall, dann bleibt der Impuls des Sp erhalten (Impulssatz); war im besonderen der Schwerpunkt in Ruhe, dann bleibt er auch in Ruhe; innere Kräfte können die Lage des Schwerpunktes nicht ändern (Schwerpunktsatz).

In Formeln gebracht, erhält man für die Translation des starren Körpers in voller Analogie zum NEWTONschen den einzelnen Mp betreffenden Axiom I, 1 (1):

$$K = M \frac{dv}{dt} = \frac{dG}{dt}. \tag{3}$$

Wenn unter K die im Schwerpunkt angreifende Resultierende, unter v die Geschwindigkeit und unter $G = \Sigma G_i = \Sigma m_i v = M v$ der Impuls des die ganze Masse $M = \Sigma m_i$ in sich vereinigenden Schwerpunktes verstanden wird. In bezug auf die Translation ist damit die Bewegung des starren Körpers auf die des Mp zurückgeführt (I, 9).

19. Am starren Körper angreifende Kräfte.

Wegen der starren Verbindung der Mp untereinander sind einige Besonderheiten bei der Behandlung angreifender Kräfte anzumerken.

a) An die Stelle des Begriffes „Angriffs*punkt*" einer Kraft tritt der Begriff „Angriffs*linie*". Das heißt, man kann, ohne an der Kraftwirkung etwas zu ändern, den Angriffspunkt in der Kraftrichtung (auf der Angriffslinie) beliebig verschieben. Denn ebenso (vgl. Abb. 10 a), wie man erfahrungsgemäß einer Kraft K das Gleichgewicht halten kann, wenn man an einer beliebigen Stelle der Angriffslinie, z. B. in A' eine Gegenkraft K' anbringt, ebenso kann man A' von K' festhalten und A von K verschieben.

b) Zwei an *verschiedenen* Punkten A_1 und A_2 angreifende Kräfte K_1 und K_2 werden unter Verwendung des Satzes a nach der Anweisung von Abb. 10 b zur Resultierenden K zusammengesetzt, die ihrerseits in der Angriffslinie beliebig, z. B. nach B, verschoben werden kann. Um Gleichgewicht zu erzielen, müßte eine Gegenkraft in der Richtung BA angesetzt werden.

c) Zwei parallele, in den Punkten A_1 A_2 (Abb. 10 c) angreifende Kräfte werden zu einer Resultierenden vereinigt, indem man sich gegenseitig aufhebende Kräfte K_1' K_2' in den Punkten $A_1 A_2$ einführt und mit ihrer Hilfe die Aufgabe c auf jene von b zurückführt. Ergebnis: Die Resultierende K ist dem Betrag nach gleich $K_1 + K_2$, der Richtung nach parallel zu K_1, K_2 und schneidet $\overline{A_1 A_2}$ in B, wobei gilt: $\overline{A_1 B} : \overline{BA_2} = K_2 : K_1$.

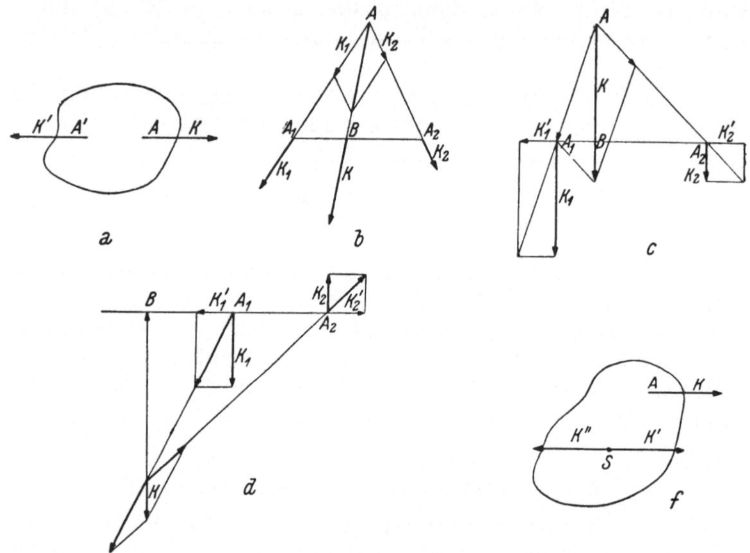

Abb. 10. Zusammensetzung von Kräften am starren Körper.

d) Zwei antiparallele Kräfte K_1, K_2 werden (Abb. 10 d) analog zu Fall c zur Resultierenden vereinigt. Ergebnis: $K = K_1 - K_2$ mit paralleler Richtung; $\overline{BA_1} : \overline{BA_2} = K_2 : K_1$.

e) Ein *Kräftepaar* (zwei antiparallele, gleich große Kräfte) hat nach d die Resultierende Null. Somit kann ein Kräftepaar nie eine Translation hervorrufen, vielmehr *nur* eine Drehung, und zwar beim frei beweglichen starren Körper eine Drehung um eine durch den Sp, der mangels einer Translation in Ruhe bleiben muß, gehende Achse. — Kräftepaare einerseits, Resultierende durch den Sp anderseits sind also die Repräsentanten jener Kräfte, *die beim starren Körper nur Rotation einerseits, nur Translation anderseits bewirken.*

f) **Allgemeine Ortsveränderung eines starren Körpers.** Hat man in der Art von Abb. 10 b, c, d die Resultierende K ermittelt, so läßt sich ihre Wirkung in folgender Art auf die zwei typischen Fälle äußerer Bewegung zurückführen: Man läßt (Abb. 10 f) im Sp eine mit K parallele und gleich große Kraft K' angreifen und hebt zugleich ihre Wirkung durch Anbringung der Gegenkraft K'' auf. K', allein vorhanden, bewirkt die Translation $K' = = |K| = M \frac{d^2 s}{dt^2}$. Das Kräftepaar $K\,K''$, allein vorhanden, bewirkt eine Drehung um eine zum Papier senkrechte, durch den Sp gehende Achse. Daraus folgt, daß K, allein vorhanden, sowohl eine Translation als eine Rotation des starren Körpers verursacht.

20. Die Drehwirkung der Kraft bzw. des Kräftepaares.

Um die Drehwirkung der Kraft K in Abb. 10 f gesondert von der übergelagerten Translation zu erhalten, kann man sich den Sp fixiert denken derart, daß zwar die auf K' zurückgehende Translation, nicht aber die dem verbleibenden Kräftepaar $K\,K''$ zuzuschreibende Drehung um die papiersenkrechte Achse verhindert wird. Dann können sich alle Mp nur mehr auf zum Sp konzentrischen Kreisen bewegen.

Die hervorgerufene Bewegung muß jedenfalls so beschaffen sein, daß dabei die von K geleistete Arbeit gleich der Summe der von den bewegten Mp verbrauchten Arbeit ist. Verschiebt sich

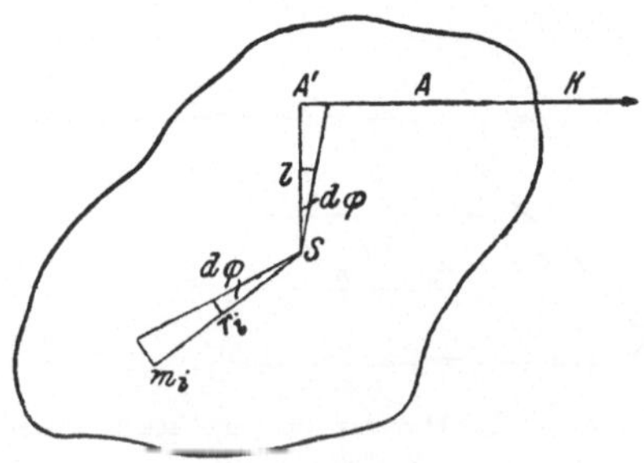

Abb. 11. Zur Drehwirkung der Kraft K.

der in der Angriffslinie von A nach A' verlegte Angriffspunkt der Kraft K in der Zeit dt um das Bogenelement $l \cdot d\varphi$, so ist die dabei geleistete Arbeit $K \cdot l\,d\varphi$; der kürzeste Abstand zwischen Angriffslinie und Drehachse heißt der Hebelarm l. Anderseits ist die Gesamtarbeit der Trägheitskräfte entlang des von jedem Mp in der gleichen Zeit dt zurückgelegten Bogenelementes $ds_i = r_i\,d\varphi$ gegeben durch $\sum m_i \frac{d^2 s_i}{dt^2} ds_i$. Weil $\frac{d^2 s_i}{dt^2} = r_i \frac{d^2 \varphi}{dt^2}$ und weil sowohl die Winkelgeschwindigkeit $\omega = d\varphi/dt$ als die Winkelbeschleunigung $d\omega/dt$ wegen der Körperstarrheit für alle Mp dieselbe sein muß, folgt: Arbeitssumme $= \sum m_i r_i^2 \cdot \frac{d^2 \varphi}{dt^2}\,d\varphi$. Gleichsetzen der beiden Arbeitsausdrücke liefert die Grundgleichung der Drehbewegung:

$$K\,l = \frac{d^2\varphi}{dt^2}\sum m_i\,r_i^2. \tag{1}$$

Das Produkt Kraft mal Hebelarm heißt Drehmoment D; die körpergebundene Größe $\vartheta = \Sigma\, m\,r^2$ heißt Trägheitsmoment. Die dem NEWTONschen Axiom analoge Beziehung

$$D = \vartheta\,\frac{d\omega}{dt} \tag{1'}$$

beschreibt die Drehwirkung einer im Abstand l von der Drehachse angreifenden Kraft K bzw. eines durch $K \cdot l$ charakterisierten und irgendwo in der zur Achse senkrecht gelegenen Ebene angreifenden Kräftepaares.

21. Das Drehmoment.

Ein Kräftepaar K, K mit dem „Arm" l und den Angriffspunkten A_1, A_2 wirke in der in Abb. 12 dargestellten Ebene auf einen starren Körper. Sein Drehmoment in bezug auf die durch den Schwerpunkt S gehende zur Paarebene senkrechte Achse ist nach I, 19 e und 20 gegeben durch $K \cdot l$. Sein Drehmoment bezüglich einer beliebigen anderen, z. B. durch O gehenden Achse erhält man durch Verschiebung der Angriffspunkte A_1, A_2 nach A_1', A_2' zu

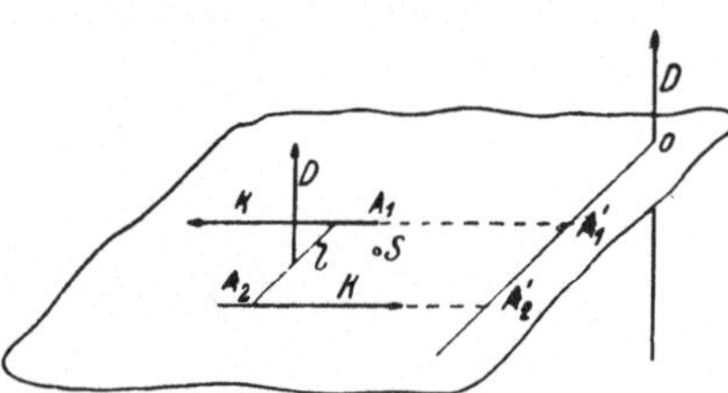

Abb. 12. Der Momentvektor und seine Parallelverschiebbarkeit.

$$K \cdot \overline{OA_2}' - K \cdot \overline{OA_1}' = K \cdot l,$$

also zum gleichen Wert. Da somit bei gegebenem Kräftepaar die zur Paarebene senkrechte Drehachse ohne Änderung des Momentes beliebig gewählt werden kann, so kann umgekehrt bei gegebener Drehachse die Lage des Kräftepaares beliebig gewählt werden. Das heißt, daß bei Einhaltung der Paarebene und des Betrages $D = K \cdot l =$ $= K\,n \cdot l/n$ das Kräftepaar nicht nur in seiner eigenen Ebene beliebig verschoben und gedreht und bezüglich des Faktors n zahlenmäßig geändert, sondern daß es auch in zur Paarebene parallele Ebenen verlegt werden darf, ohne daß sich das ihm zuzuschreibende Drehmoment ändert. Dies entspricht, da nach I, 12 dem Drehmoment ein zur Paarebene senkrechter Vektor vom Betrag D so zugeordnet wird, daß die Drehung von der Vektorspitze aus gesehen entgegen dem Uhrzeigersinn erfolgt, der Verschieblichkeit dieses

Vektors einerseits parallel zu sich selbst, anderseits in seiner eigenen Richtung (sog. „freier" Vektor). Ist der Körper frei beweglich, dann wird eine Drehung um eine Schwerpunktsachse bewirkt, ist dem Körper eine andere Drehachse vorgeschrieben, dann erfolgt die Drehung um diese. Die *Wirkung*, die das gleiche Drehmoment hervorruft, wird dabei erstens wegen der Änderung des Trägheitsmomentes verschieden sein und zweitens deshalb, weil sich beim freien Körper die Trägheitskräfte in ganz anderer und viel verwickelterer Art auswirken als bei vorgegebener Achse, wo nur eine vorwiegend den Praktiker interessierende Lagerbeanspruchung entsteht.

Das Moment hat als ein Produkt von Kraft mal Länge die gleiche Dimension wie eine Arbeit. Als solche aufgefaßt würde sich allerdings stets der Wert Null ergeben, weil der in diesem Fall als Weg gedeutete Hebelarm l ja senkrecht zur Kraft steht, also $K \cdot \cos (K, l) \cdot l = 0$ folgt. Das Moment wird, da es keine Arbeit ist (die Arbeit ist das innere oder skalare, das Moment aber das äußere oder vektorielle Produkt einer Kraft mit einer gerichteten Strecke), nicht in erg, sondern in dyn $\cdot$ cm gemessen.

Für den Studierenden wird es von Vorteil sein, sich die folgenden Unterschiede zwischen der Mechanik des Massenpunktes und der Mechanik des starren Körpers gegenwärtig zu halten: Erstens die sog. „Linienflüchtigkeit des Kraftvektors", d. i. der Ersatz des Begriffes „Angriffspunkt" durch den Begriff „Angriffs- oder Wirkungslinie" und die damit zusammenhängende Zusammensetzbarkeit von Kräften mit verschiedenen Angriffspunkten (vgl. Abb. 10). Zweitens die „Freiheit des Momentvektors", d. i. die Verschiebbarkeit dieses Vektors parallel zu sich selbst und in sich selbst und die damit zusammenhängende Zusammensetzbarkeit von parallelachsigen Kräftepaaren mit verschiedenen Angriffspunkten. Drittens die im folgenden zu besprechende räumliche Richtungsverschiedenheit der „Drehmasse" (des Trägheitsmomentes) als Trägheitswiderstand bei der Drehung um verschiedene Achsen.

22. Das Trägheitsmoment (Die „Drehmasse").

Nach I, 20 (I, I′) ist das Trägheitsmoment definiert durch:

$$\vartheta = \Sigma\, m\, r^2, \tag{I}$$

worin r den Abstand der Massen von der Drehachse bedeutet. Man kann danach ϑ als jene Masse deuten, die im Abstand 1 cm von der Drehachse angebracht den gleichen Trägheitswiderstand gegenüber dem Drehmoment D hätte, wie der betreffende Körper.

Die Dimension von ϑ ist $m \cdot l^2$. In geometrisch definierbaren Körpern mit dem Massenelement dm, dem Volumelement dV und der Dichte ϱ an der Stelle r geht die Summe über in das Integral

$$\vartheta = \int r^2\, dm = \int r^2\, \varrho\, dV. \tag{2}$$

Die Ausführbarkeit der Integration hängt davon ab, wie sich ϱ und V als Funktion des Ortes verhalten. Die einfachsten Fälle werden jene sein, bei denen die Drehachse gleichzeitig eine Symmetrieachse des Körpers ist. Da Symmetrieachsen immer den Sp enthalten, wird die Berechnung von ϑ_S für eine Schwerpunktsachse in solchen Fällen verhältnismäßig leichter sein. Dann wird die Bestimmung von ϑ_A um eine beliebige Achse A durch den Reduktionssatz von STEINER einfach gemacht. Dieser besagt: Das Trägheitsmoment ϑ_A um eine beliebige Achse $A'\,A''$ (Abb. 13) läßt sich darstellen als Summe zweier Trägheitsmomente $\vartheta_S + \vartheta^*$, von denen ϑ_S das Trägheitsmoment um eine parallele durch den Sp gehende Achse $S'\,S''$ und ϑ^* jenes Trägheitsmoment ist, das bezüglich der Achse $A'\,A''$ bei Vereinigung der ganzen Masse M des Körpers im Sp vorhanden wäre.

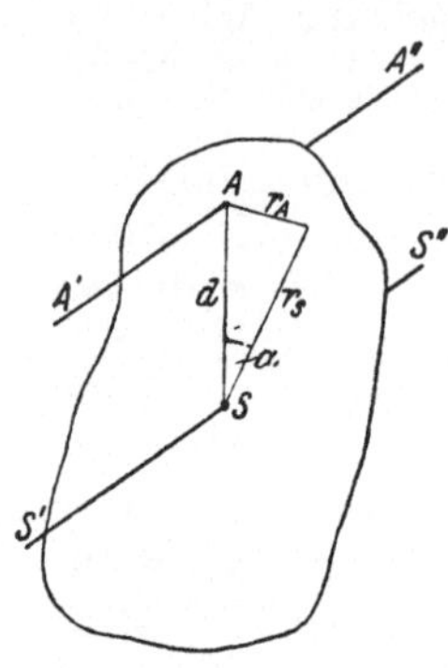

Abb. 13. Zum Satz von STEINER.

Beweis nach Abb. 13; Koordinatenursprung in S: Weil

$$r_A{}^2 = r_S{}^2 + d^2 - 2\,d\,r_S \cos \alpha$$

und $\qquad \Sigma\, m\, r_A{}^2 = \Sigma\, m\, r_S{}^2 + d^2\, \Sigma\, m - 2\,d\, \Sigma\, m\, r_S \cos \alpha$

mit $\qquad\qquad \Sigma\, m\, r_S \cos \alpha = \Sigma\, m\, y = M \cdot \eta = 0$

(η .. Schwerpunktsordinate, I, 18, 2), folgt mit

$$\Sigma\, m\, r_A{}^2 = \vartheta_A; \quad \Sigma\, m\, r_S{}^2 = \vartheta_S; \quad \Sigma\, m = M,$$

obiger Satz: $\qquad\qquad \vartheta_A = \vartheta_S + M \cdot d^2. \tag{3}$

Man entnimmt aus (3), daß für jede beliebige Richtung das Trägheitsmoment bezüglich der Schwerpunktsachse das jeweils kleinste ist (ϑ_S stets $< \vartheta_A$). Ferner, daß das Trägheitsmoment bezüglich aller zu einer vorgegebenen Richtung parallelen Achsen, die gleichen Abstand d vom Sp haben, den gleichen Wert besitzt.

Überlegungen, die hier nicht näher ausgeführt werden, zeigen, daß von den unendlich vielen, in jedem Punkt eines Körpers, also insbesondere auch im Schwerpunkt Sp, denkbaren Achsenrichtungen stets drei zueinander senkrechte Richtungen dadurch ausgezeichnet sind, daß bezüglich ihrer das Trägheitsmoment im allgemeinen Extremwerte, ein Maximum, ein Minimum und einen Sattelwert, aufweist. Die zugehörigen, durch den Sp gehenden Richtungen heißen die Hauptträgheitsachsen A, B, C, die extremen Trägheitsmomente die Hauptträgheitsmomente ϑ_a, ϑ_t, $\vartheta_{..}$. Trägt man auf den einzelnen durch Sp gehenden Richtungen die Werte $R = 1/\sqrt{\vartheta_S}$ als Strecken auf, dann liegen die Endpunkte dieser Strecken auf der Oberfläche eines Ellipsoides (das sog. Trägheitsellipsoid), dessen Halbachsen $a = = 1/\sqrt{\vartheta_a}$, $b = \sqrt{1/\vartheta_b}$, $c = \sqrt{1/\vartheta_c}$ sind. Wählt man ferner den Sp als Koordinatenursprung, die Richtungen der Hauptträgheitsachsen als x-, y-, z-Richtung, dann gilt für das Ellipsoid:

$$R^2 = x^2 + y^2 + z^2; \quad \frac{x^2}{a^2} + \frac{y^2}{b^2} + \frac{z^2}{c^2} = 1. \tag{4}$$

In speziellen Fällen (z. B. $a = b$) ergibt sich ein Rotationsellipsoid oder ($a = b = c$) eine Kugel.

Das Trägheitsmoment hat zwar Betrag und Richtung, ist aber kein Vektor, da z. B. die $\pm$ Richtung gleichberechtigt ist (das Trägheitsmoment bezüglich einer bestimmten Achse ist vom Drehungssinn unabhängig). Es ist auch im allgemeinen, wenn man sich nämlich nicht gerade auf die Hauptträgheitsachsen als Koordinatenachsen einigt, nicht durch nur drei Bestimmungsstücke (Komponenten) definiert, sondern erst durch sechs. Eine solche Größe wird als „Tensor“ (von tendere = dehnen, aus der Elastizitätslehre stammender Ausdruck) bezeichnet.

Die Hauptträgheitsachsen, bezüglich derer nach obigem das Trägheitsmoment Extremwerte besitzt, spielen sowohl beim frei beweglichen als beim achsenfesten Körper eine ausgezeichnete Rolle. Bei ersterem sind zwei von ihnen, und zwar die längste und die kürzeste „freie“ Achsen, d. h. die Drehung um sie ist beim sich selbst überlassenen Körper stabil, was bei keiner anderen Achse der Fall ist. Fällt anderseits beim Körper mit vorgegebener Drehachse diese mit einer Hauptträgheitsachse zusammen, dann verschwindet die Lagerbeanspruchung durch unsymmetrisch wirkende Trägheitskräfte (vgl. I, 26).

23. Der Drehimpuls (Drall).

In I, 12 (6) wurde anläßlich der Drehung eines einzelnen Mp um einen Punkt der Begriff „Moment des Impulses G“ als $r \cdot G$ (r = Hebelarm) eingeführt. Für den starren Körper als ein System von Mp, das sich mit für *alle Mp gleicher* Winkelgeschwindigkeit $\omega = d\varphi/dt = v/r$ um eine Achse dreht, gilt dementsprechend:

$$\text{Impuls:} \quad \Sigma\, r_i\, G_i = \Sigma\, r_i\, m_i\, v_i = \Sigma\, m_i\, r_i^2 \cdot \omega = \vartheta\,\omega. \tag{1}$$

Damit geht die Grundgleichung der Drehbewegung I, 20 (1') über in:

$$D = \vartheta\,\frac{d\omega}{dt} = \frac{dJ}{dt} \text{ mit } J \equiv \vartheta\,\omega. \tag{2}$$

Die Analogie zur Formulierung des NEWTONschen Axioms I, 18 (3) für die Translationsbewegung des starren Körpers ist in die Augen springend. J wird Drehimpuls oder Drall (oder Impuls schlechtweg, wenn keine Verwechslung mit G möglich ist) genannt. J ist ein Vektor, der entsprechend I, 12 und nach (1) die Resultierende aller der zu den einzelnen rotierenden Mp gehörigen Impulsvektoren ist, die ihrerseits senkrecht auf den durch r und v bestimmten Ebenen stehen; sein Betrag ist nach (1) gleich $\vartheta\,\omega$. J stellt (vgl. weiter unten) jenen Drehstoß dar, der den Körper augenblicklich aus der Ruhe auf seine vorhandene Drehung

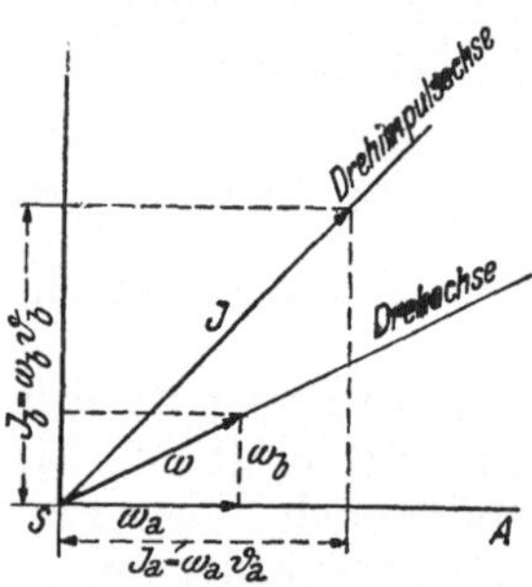

Abb. 14. Zur Richtungsverschiedenheit von Impuls- und Drehachse.

bringt. Insofern die Drehung um eine fixierte oder freie stabile Achse erfolgt und somit die durch r und v definierte Ebene stationär (d. i. zeitunabhängig) ist, fällt die Richtung der Impulsachse mit jener der Drehachse zusammen. Im allgemeinen aber ist dies, wie an Hand der Abb. 14 gezeigt wird, keineswegs der Fall, was eine beträchtliche Komplikation für die mit der Rotation frei beweglicher Körper zusammenhängenden Erscheinungen und deren Beschreibung bedeutet.

A und B seien Hauptträgheitsachsen (die Überlegung wird der einfacheren Darstellung halber im Zweidimensionalen durchgeführt); die momentane Drehachse falle *nicht* mit einer von ihnen zusammen, die Winkelgeschwindigkeit sei ω. Gefragt wird nach der zugehörigen Impulsachse. Man findet sie, indem man ω in die Komponenten ω_a, ω_b um die Achsen A und B zerlegt, mit den entsprechenden Hauptträgheitsmomenten ϑ_a, ϑ_b multipliziert und die so erhaltenen Impulskomponenten $J_a = \omega_a \vartheta_a$ und $J_b = \omega_b \vartheta_b$ zum resultierenden Impuls zusammensetzt. Dessen Richtung wird mit jener der Drehachse *nicht* zusammenfallen, außer unter der Sonderbedingung, daß ausnahmsweise $\vartheta_a = \vartheta_b$ gilt.

Beschränkt man sich aber unter vorläufigem Verzicht auf Allgemeinheit auf den einfacheren und praktisch wohl auch wichtigeren Fall der Drehung um eine stabile freie Drehachse (meist also Drehung um die Achse des größten Trägheitsmomentes, d. i. die kürzeste Achse des Trägheitsellipsoides), dann kann man in bezug auf die Änderung des Impulses ähnlich wie in I, 9 b wieder die zwei Grenzfälle unterscheiden, daß entweder *nur* der Betrag oder *nur* die Richtung von J zeitlich variiert.

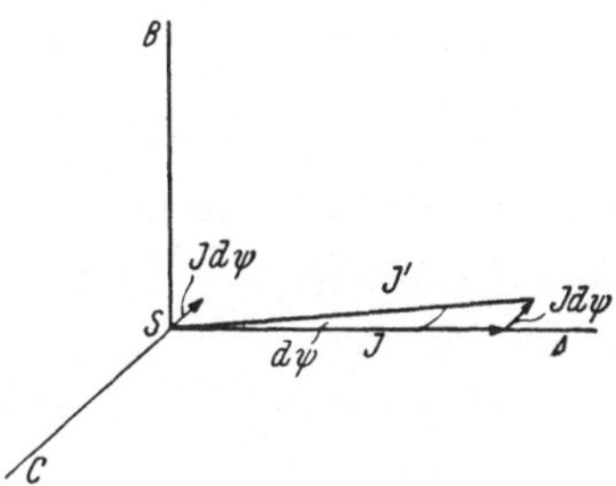

Abb. 15. Zur Richtungsänderung eines Drehimpulsvektors.

a) Nur der Betrag von J wird geändert: In $\omega\,\vartheta$ ist wegen der Konstanz der Richtung auch ϑ konstant, es variiert also nur ω. Wie in (2) gilt somit $D\,dt = dJ = \vartheta\,d\omega$. Insbesondere wird dann bei endlichem Drehstoß, wenn zu Beginn, für $t = 0$, der Körper in Ruhe, also $\omega = 0$ war:

$$\int_0^t D\,dt = \int_0^J dJ = \int_0^\omega \vartheta\,d\omega = \vartheta\,\omega. \tag{3}$$

Der Impuls ist dem Betrag nach gleich jenem Drehstoß, der die Rotationsbewegung hervorrief, oder gleich jenem Drehstoß, der am bewegten Körper aufgefangen werden muß, um ihn zur Ruhe zu bringen.

b) Nur die Richtung von J wird geändert: Damit der Impuls die neue Richtung J' (Abb. 15) annimmt, muß für den zusätzlichen Impulsvektor $J\,d\psi$ gesorgt, d. h. es muß zunächst ein Drehstoß $D\,dt = J\,d\psi$ ausgeführt werden. Man beachte dabei erstens, daß das zugehörige Kräftepaar in der zum Zusatzvektor senkrechten Ebene σ_C angreifen muß. Zweitens, daß aber ein derartiges Kräftepaar den Körper um die Achse C verdreht, bezüglich welcher er das Trägheitsmoment ϑ' besitzt; daß also das aufzuwendende Drehmoment nicht nur für die Richtungsänderung von J, sondern auch für die Entstehung des neuen Impulses $\vartheta'\,\dfrac{d\chi}{dt}$ aufzukommen hat. So daß insgesamt gilt:

$$D = J\,\frac{d\psi}{dt} + \vartheta'\,\frac{d^2\chi}{dt^2}. \tag{4}$$

Allerdings wird bei hinreichendem Betrag von J der zweite Summand häufig praktisch zu vernachlässigen sein.

24. Die kinetische Energie des starren Körpers.

Entsprechend der zweifachen Art der Bewegung setzt sich die kinetische Energie aus zwei Teilen zusammen: Die Translationsbewegung liefert den Anteil $\dfrac{v^2}{2} \sum m_i = M \dfrac{v^2}{2}$. Die Rotation um den Schwerpunkt liefert $\sum \dfrac{m_i v_i^2}{2}$, wenn v_i die Peripheriegeschwindigkeit des i-ten Mp ist. Wegen $v_i = \omega \, r_i$ und Konstanz von ω für alle Mp wird $\sum \dfrac{m_i v_i^2}{2} = \dfrac{\omega^2}{2} \sum m_i r_i^2 = \dfrac{\omega^2 \vartheta}{2}$ und daher die Gesamtenergie:

$$L = M \frac{v^2}{2} + \vartheta \frac{\omega^2}{2}. \tag{I}$$

25. Die Analogie zwischen Translations- und Rotationsbewegung.

Zwischen der Translationsbewegung eines rotationsfreien und der Rotationsbewegung eines translationsfreien starren Körpers um eine vorgegebene Drehachse bestehen weitgehende, für das Gedächtnis nützliche formale Analogien. Man vergesse aber über dieser äußerlichen Ähnlichkeit nicht die Wesensverschiedenheiten, auf deren Hauptmerkmale unten ausdrücklich verwiesen wird.

Translation: *Rotation*:

Alle Mp haben gleiche

Translationsgeschwindigkeit $v = ds/dt$. Winkelgeschwindigkeit $\omega = d\varphi/dt$.

Gleichen Trägheitswiderstand haben Körper mit gleicher

Masse $M = \Sigma \, m_i$.   Drehmasse (Trägheitsmoment)
$$\vartheta = \Sigma \, m_i \, r_i^2.$$

Der Bewegungszustand ist charakterisiert durch den Vektor

Bewegungsgröße (Impuls) $G = M \, v$. Drall (Drehimpuls) $J = \vartheta \, \omega$.

Die Ursache der Impulsänderung ist der Vektor

Kraft $K = dG/dt$.   Drehmoment $D = dJ/dt$.

a) Ändert sich nur der Betrag des Impulses, dann gilt

$$\int_0^t K \, dt = \int_0^G dG = G, \qquad\qquad \int_0^t D \, dt = \int_0^J dJ = J,$$

$$\int_0^s K \, ds = \int_0^{} dL = L_{tr} = \frac{1}{2} M v^2, \qquad \int_0^\varphi D \, d\varphi = \int_0^L dL = L_{\text{rot}} = \frac{1}{2} \vartheta \omega^2$$

$$dL/dv = G. \qquad\qquad\qquad\qquad\qquad\qquad dL/d\omega = J.$$

b) Ändert sich nur die Richtung des Impulses, dann gilt

$$K = G \frac{d\psi}{dt}. \qquad\qquad\qquad D = J \frac{d\psi}{dt} + \vartheta' \frac{d^2 \chi}{dt^2}.$$

Die kinetische Energie ist (s. o.)

$$L_{tr} = \frac{1}{2} M v^2. \qquad\qquad\qquad\qquad L_{\text{rot}} = \frac{1}{2} \vartheta \omega^2.$$

Bezüglich der trotz formaler Ähnlichkeit bestehenden *Wesensverschiedenheit* wäre an folgendes zu erinnern:

a) Obwohl Kraft und Drehmoment bewegungsändernde Vektoren sind, ist ihre Dimension verschieden; denn $D = $ Kraft mal Länge.

b) Die Richtung des K- und G-Vektors fällt mit der Richtung von K und G zusammen. Die Richtung des D- und J-Vektors steht senkrecht auf der Ebene, in der sich der Bewegungsvorgang abspielt.

c) Die Masse ist eine skalare, richtungsunabhängige, das Trägheitsmoment eine richtungsabhängige, tensorielle Größe.

d) Die Richtung der Translationsbewegung fällt beim frei beweglichen Körper mit der Richtung der Kraft zusammen. Dagegen ist im Hinblick auf die Instabilität aller Achsen, die nicht gerade zu Hauptträgheitsmomenten gehören, die Richtung der nach einem Drehstoß sich einstellenden Drehachse im allgemeinen nicht ohneweiters angebbar.

26. Die Eulerschen Gleichungen.

Wenn auch die Aufgabe, die zu einem vorgegebenen Drehmoment gehörige Bewegung zu finden zu den schwierigsten der Mechanik gehört und sich nicht allgemein, sondern nur unter

vereinfachenden Bedingungen streng lösen läßt, so ist doch bei Umkehrung der Fragestellung: „Welches Drehmoment ist nötig, um eine vorgegebene Drehbewegung zu ermöglichen?" ein allgemeiner Ansatz für die Antwort möglich. Es sind dies die EULERschen Gleichungen, die man in verhältnismäßig einfacher Weise durch Erweiterung der schon an Hand der

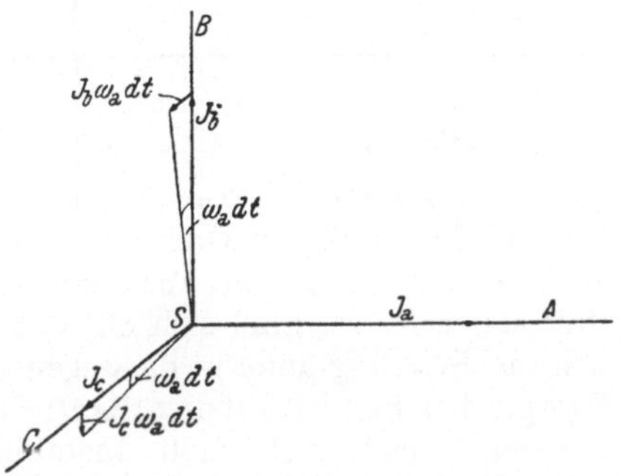

Abb. 16. Zur Ableitung der EULERschen Gleichungen.

Abb. 15 und 14 (I, 23) angestellten Überlegungen ableiten kann. Ihre Integration kann allerdings auf recht beträchtliche mathematische Schwierigkeiten stoßen.

Es finde Drehung um eine beliebige, in Abb. 16 nicht eingezeichnete Achse mit der Winkelgeschwindigkeit ω statt. Gefragt wird, ob dieser Bewegungszustand kräftefrei bestehen kann und, wenn das nicht der Fall ist, welche äußeren Drehmomente zu seiner Aufrechterhaltung benötigt werden.

Man bezieht sich auf ein Koordinatensystem mit den Achsen in der Richtung der Hauptträgheitsachsen und mit dem Ursprung im Sp; zu beachten ist, daß es sich dabei nicht um ein raumfestes, sondern um ein körperfestes, d. h. ein sich mit dem Körper mitdrehendes Koordinatensystem handelt. Man zerlegt ω in seine Komponenten ω_a, ω_b, ω_c, multipliziert mit den Trägheitsmomenten ϑ_a, ϑ_b, ϑ_c bezüglich dieser Achsen und erhält die Impulskomponenten $J_a = \vartheta_a\,\omega_a$, $J_b = \vartheta_b\,\omega_b$, $J_c = \vartheta_c\,\omega_c$.

Nun betrachte man zunächst nur die Drehung um die Achse A. Wäre nur der Impuls J_a vorhanden, könnte er kräftefrei bestehen. Existieren aber gleichzeitig Impulskomponenten J_b, J_c, so müssen diese bei der Drehung um A ihre Richtung verändern, wozu es nun zusätzlicher Drehmomente bedarf, die für die zur Richtungsänderung nötigen Impulsvektoren $J_b\,\omega_a\,dt$ und $- J_c\,\omega_a\,dt$ aufzukommen haben; denn in der Zeit dt verdrehen sich sowohl J_b als J_c um den Winkel $\omega_a\,dt$. — Dieselbe Überlegung, übertragen auf die Drehungen um die Achsen B und C, liefert die in der Tabelle zusammengestellten Anforderungen bezüglich zusätzlicher äußerer Drehmomentkomponenten:

Die Momentkomponenten in der Richtung	Sollen Drehungen gleichzeitig um A, B, C stattfinden, so benötigt die Drehung um die Achse			das ist insgesamt
	$A\;(\omega_a)$	$B\;(\omega_b)$	$C\;(\omega_c)$	
A		$+ J_c\,\omega_b$	$- J_b\,\omega_c$	$- J_b\,\omega_c + J_c\,\omega_b = -\,\omega_b\,\omega_c\,(\vartheta_b - \vartheta_c)$
B	$- J_c\,\omega_a$		$+ J_a\,\omega_c$	$- J_c\,\omega_a + J_a\,\omega_c = -\,\omega_c\,\omega_a\,(\vartheta_c - \vartheta_a)$
C	$+ J_b\,\omega_a$	$- J_a\,\omega_b$		$- J_a\,\omega_b + J_b\,\omega_a = -\,\omega_a\,\omega_b\,(\vartheta_a - \vartheta_b)$

Sind diese äußeren Drehmomente nicht vorhanden, dann kann die sich aus ω_a, ω_b, ω_c zusammensetzende Drehbewegung nicht stationär sein, sie muß sich mit der Zeit ändern. Und zwar muß sich die *Richtung* ändern, da wegen der Erhaltung der kinetischen Energie bei Fehlen äußerer Kräfte die Beträge konstant bleiben müssen. Dies besagt schon: Instabilität der Drehachse, sofern sie keine Hauptträgheitsachse ist.

Greifen aber äußere Drehmomente an, so ist zu beachten, daß sie nicht nur für die bisher besprochenen Verdrehungen der Drallkomponenten aufzukommen haben, sondern darüber hinaus (vgl. I, 23, b) eine Veränderung der Absolutbeträge von J_a, J_b, J_c bewirken, also z. B. $\dfrac{dJ_a}{dt} = \vartheta_a\,\dfrac{d\omega_a}{dt}$. So ergeben sich für die zur Aufrechterhaltung der Drehung nötigen Drehmomentkomponenten die folgenden EULERschen Beziehungen:

$$\left.\begin{aligned}
D_a &= \vartheta_a\,\frac{d\omega_a}{dt} - (\vartheta_b - \vartheta_c)\,\omega_b\,\omega_c, \\[4pt]
D_b &= \vartheta_b\,\frac{d\omega_b}{dt} - (\vartheta_c - \vartheta_a)\,\omega_c\,\omega_a, \\[4pt]
D_c &= \vartheta_c\,\frac{d\omega_c}{dt} - (\vartheta_a - \vartheta_b)\,\omega_a\,\omega_b.
\end{aligned}\right\} \qquad (\mathrm{I})$$

Wieder kann man aus den Gleichungen (1) folgern: Soll D, das äußere Moment, Null und trotzdem ω um eine beliebige Achse konstant sein nach Betrag und Richtung, so muß gleichzeitig erfüllt sein: Erstens $D_a = D_b = D_c = 0$, zweitens $\dfrac{d\omega_a}{dt} = \dfrac{d\omega_b}{dt} = \dfrac{d\omega_c}{dt} = 0$. Dies ist aber nach obigen Gleichungen nur möglich, wenn entweder $\vartheta_a = \vartheta_b = \vartheta_c$ (das wäre ein „Kugelkreisel", dessen sämtliche Achsen Hauptträgheitsachsen sind) ist oder wenn zwei der ω-Komponenten verschwinden; d. h. die Drehung muß um eine Hauptträgheitsachse (freie oder stabile Achse) erfolgen.

Die Behandlung der Drehungserscheinungen um nicht fixierte Achsen ist Gegenstand der allgemeinen Lehre vom Kreisel.

27. Der Kreisel.

Während in der theoretischen Mechanik jeder beliebig gestaltete starre Körper, der sich irgendwie um einen fixen Punkt drehen kann, als Kreisel bezeichnet wird, soll hier, dem allgemeinen Sprachgebrauch folgend, unter Kreisel ein Körper verstanden werden, der bezüglich jener Drehachse, die mit der Achse des größten Trägheitsmomentes (Figurenachse) zusammenfällt, rotationssymmetrisch gebaut und mit einer großen Rotationsgeschwindigkeit um sie versehen ist. Für eine Kreisscheibe, mit der Figurenachse senkrecht zur Scheibe, ist z. B. das maximale, sog. „polare" Trägheitsmoment $\vartheta_a = \Sigma\, m_i\, r_i^2 = \Sigma\, m_i (b_i^2 + c_i^2) = \vartheta_b + \vartheta_c = 2\,\vartheta_b = 2\,\vartheta_c = 2\,\vartheta$, ist somit doppelt so groß wie jedes der „äquatorialen" Trägheitsmomente, die untereinander nach jeder Richtung senkrecht zu A gleich sind.

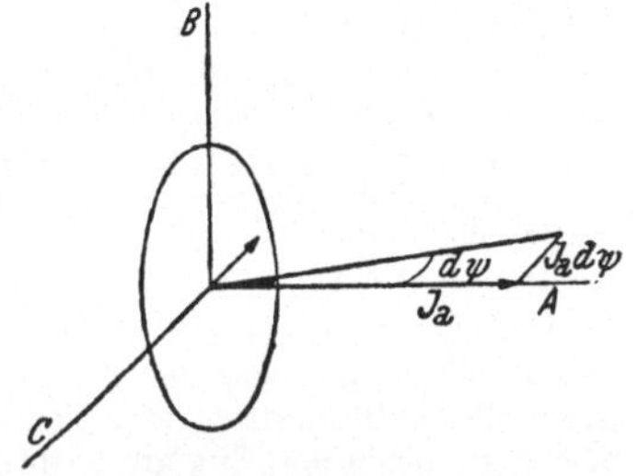

Abb. 17. Kreisel mit horizontal liegender Figurenachse.

Bei großem ϑ_a und ω_a kann der Kreisel mit so viel Rotationsenergie geladen werden und so beträchtliche Werte für J_a annehmen, daß bei gegebenenfalls zusätzlich wirkenden Drehmomenten um eine äquatoriale Achse (wegen $\vartheta < \vartheta_a$ und $\omega \ll \omega_a$) der zweite Summand $\vartheta' \dfrac{d^2\chi}{dt^2}$ in I. 23 (4) vernachlässigbar wird; was eine wesentliche Vereinfachung bedeutet.

Ist der Kreisel so gestützt, daß die Schwerkraft kein Drehmoment bezüglich des Unterstützungspunktes ausüben kann, dann pflegt man ihn als „kräftefrei" zu bezeichnen. — Von der in theoretischer und technischer Hinsicht schwierigen und anwendungsreichen Kreisellehre werden im folgenden nur die Haupteigenschaften des Kreisels in vier Sätzen zusammengefaßt, die gewisse Analogien mit den vier NEWTONschen Axiomen aufweisen und der Natur der Sache nach spezielle Formulierungen bereits gewonnener Erkenntnisse (vgl. die vorangehenden Abschnitte) sind.

a) (Stabilität der freien Achse, Erhaltung des Impulses.) Der kräftefreie Kreisel behält seinen Eigendrall $J_a = \vartheta_a\, \omega_a$ nach Richtung und Betrag im Raume konstant bei.

b) Ändert sich der Drall, dann hat ein auf den Stützpunkt bezogenes Drehmoment angegriffen, das im Falle einer Betragsänderung (ein praktisch uninteressanter Fall) durch $D = \vartheta_a \dfrac{d\omega_a}{dt}$, im Falle einer Richtungsänderung durch $D = J_a \dfrac{d\psi}{dt}$ bestimmt ist.

c) (Parallelogrammsatz.) Die Wirkung eines solchen andauernden Drehmomentes, das den Zusatzdrall z. B. (Abb. 17) in der Ebene AC, und zwar senkrecht zu J_a erzeugt, erhält man durch vektorielle Zusammensetzung von J_a mit $J_a\, d\psi$; das Ergebnis läßt sich beschreiben durch: Der Kreisel sucht seinen Drall dem des neu hinzutretenden möglichst parallel zu stellen; dieses Ziel kann allerdings nie erreicht werden, da sich die Richtung des Zusatzdralles mit dem Eigenimpuls mitdreht.

d) (Reziprozitätsgesetz.) Wird der Kreiselimpuls zwangsweise z. B. in der Ebene AC um den Stützpunkt gedreht, so übt er auf die Zwangsführung einen zu Ebene AC senkrechten Druck („Kreiselmoment") aus.

In den Sätzen c und d sind die im engeren Sinn häufig als „Kreiselwirkungen" bezeichneten, im ersten Augenblick absonderlichen Kreiseleigenschaften beschrieben. Beispiel zu c: Unter dem Einfluß der Schwerkraft fällt ein nicht im Sp gestützter Kreisel nicht so, wie er dies ohne Eigendrall tut, um, sondern er vollführt eine Präzessionsbewegung, d. h. die Figurenachse dreht sich dauernd um die vertikale Richtung. — Beispiel zu d: Dem Versuch, die Kreiselachse aus ihrer Richtung zu bringen, setzt der Kreisel einen Widerstand entgegen; er ist „störrisch" und weicht in einer unerwarteten Richtung aus. Unerwartet dann, wenn man vergißt, daß für die Wirkung nicht die Kräfte selbst, sondern ihre Drehmomente maßgeblich sind, deren Vektoren zur Ebene des wirkenden Kräftepaares senkrecht stehen.

Die in d beschriebene Rückwirkung des Kreisels ist eine Trägheitskraft von gleicher Art wie die Fliehkraft. So wie der im Kreis geschwungene Stein die Behinderung, sich seiner Trägheit folgend geradlinig weiterzubewegen, mit einem Zug am haltenden Seil beantwortet, ebenso beantwortet der Kreisel die Behinderung, seine Impulsachse im Raum unverändert beizubehalten, mit einem Gegendruck auf die Zwangsführung.

28. Die ungedämpfte freie Pendelschwingung.

Bei einem in O drehbar befestigten Körper, z. B. einem Stab, sei die bewegliche Gesamtmasse $\Sigma\, m_i = M$ und die Schwerpunktsentfernung von der Achse $\overline{SO} = a$. Nach I, 18 läßt sich die Gesamtheit der an den einzelnen Mp angreifenden Kräfte des Schwerefeldes ersetzen durch die im Sp angreifende Resultierende vom Betrag Mg. Solange der Sp vertikal unterhalb von O liegt, herrscht stabiles Gleichgewicht; die potentielle Energie des Systems ist ein Minimum. Wird die (gestrichelte) Achse des Körpers um den Winkel φ ausgelenkt und damit der Sp um den Betrag $h = a\, (1 - \cos \varphi)$ gehoben, dann erzeugt das Schwerefeld ein rücktreibendes (φ-verkleinerndes) Drehmoment um die Achse O vom Betrag Kraft mal Hebelarm, d. i. $Mg \cdot a \cdot \sin \varphi$.

Freigelassen erhält der Körper eine Winkelbeschleunigung, die nach I, 20 (1′) gegeben ist durch

$$\vartheta \, \frac{d^2\varphi}{dt^2} = -\, M\,g\,a\,\sin\varphi. \tag{1}$$

Nur für so kleine Werte von φ, daß $\sin\varphi$ mit φ vertauscht werden kann und somit die rücktreibende Kraft wie im HOOKE-schen Gesetz (I, 15) der Auslenkung φ proportional wird, läßt sich (1) einfach integrieren. Es ist dann:

$$\frac{d^2\varphi}{dt^2} = -\,k^2\,\varphi \quad\text{mit } k^2 \equiv M\,g\,a/\vartheta. \tag{2}$$

Nach (2) ist für φ eine solche Funktion der Zeit zu finden, daß ihre zweite Ableitung proportional ist der Funktion selbst. Dabei muß die allgemeine Lösung zwei verfügbare Integrationskonstanten enthalten, mit deren Hilfe den willkürlich wählbaren Anfangsbedingungen („Bewegungszustand", also die Werte von φ und $\dfrac{d\varphi}{dt}$, zur

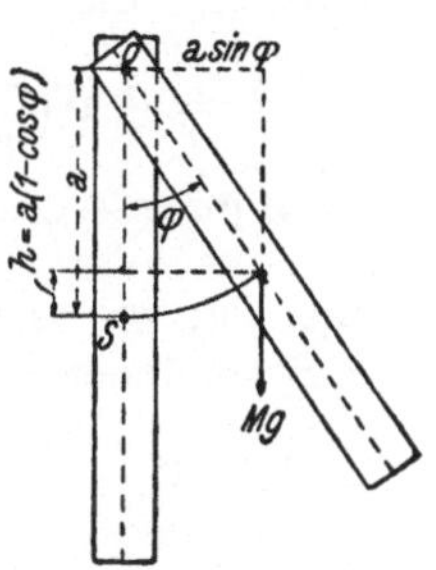

Abb. 18.
Zur Pendelschwingung.

Zeit $t = 0$) Rechnung getragen werden kann. Partikuläre Lösungen, welche diese Forderung erfüllen, sind z. B. $\sin k\,t$, $\cos k\,t$, $e^{\pm ik\,t}$. Allgemeine Lösungen erhält man dann bekanntlich durch Multiplikation zweier der partikulären Lösungen mit noch verfügbaren Konstanten und Summierung derselben. Also, wenn man von cos und sin ausgeht, durch $B\sin k\,t + C\cos k\,t = A\sin(k\,t + \varepsilon)$ (vgl. I, 15, 5). Oder, wenn man von der e-Potenz ausgeht, durch Entwicklung derselben nach MOIVRE $e^{ik\,t} = \cos k\,t + i\sin k\,t$ und Anerkennung der Realteile (Fortlassen des dann physikalisch sinnlosen i) als Partikulärlösungen, die so wie oben zur allgemeinen Lösung zusammengesetzt werden.

Wird das Pendel zur Zeit $t = 0$ gerade aus der Amplitude freigelassen $\left(\text{für } t = 0,\ \varphi = \varphi_0,\ \dfrac{d\varphi}{dt} = 0\right)$, dann wird zufolge dieser Anfangsbedingungen $A = \varphi_0$ und $\varepsilon = \pi/2$ und die endgültige Lösung für (2):

$$\varphi = \varphi_0 \cos k\,t \quad\text{mit } k = \frac{2\pi}{\tau} = \sqrt{\frac{M\,g\,a}{\vartheta}} \quad\text{oder } \tau = 2\pi\sqrt{\vartheta/M\,g\,a}. \tag{3}$$

Für das „mathematische Pendel" (punktförmige Masse M an gewichtslosem Faden der Länge l) wird die Direktionskraft $Di \equiv M\,g\,a = M\,g\,l$, das Trägheitsmoment $\vartheta = \Sigma\,m\,r^2 = M\,a^2 =$

$= M\,l^2$, daher die Schwingungsdauer $\tau = 2\,\pi\,\sqrt{l/g}$. Diese ist unabhängig von der Masse und Natur des Körpers, unabhängig von der Amplitude, solange diese „klein" bleibt, abhängig aber von der Pendellänge l und von der Schwerebeschleunigung g, die ihrerseits eine Funktion der geographischen Breite und der Meereshöhe ist (vgl. I, 14 a).

Der Energieinhalt E setzt sich zu jedem Zeitmoment aus kinetischer und potentieller Energie zusammen. Es gilt:

$$L = \frac{1}{2}\,\vartheta\left(\frac{d\varphi}{dt}\right)^2 = \frac{1}{2}\,\vartheta\,k^2\,\varphi_0{}^2\sin^2 k\,t = \frac{Di}{2}\,\varphi_0{}^2\sin^2 k\,t;$$

$$V = M\,g\,a\,(1-\cos\varphi) = Di\cdot 2\sin^2\frac{\varphi}{2} = \frac{Di}{2}\,\varphi^2 = \frac{Di}{2}\varphi_0{}^2\cos^2 k\,t. \quad (4)$$

Daher ist, wie es für ein konservatives System sein muß (I, 11), die Systemenergie zeitlich konstant, nämlich:

$$E = L + V = \frac{1}{2}\,Di\cdot\varphi_0{}^2 = \frac{\vartheta}{2}\,(2\,\pi\,\nu\varphi_0)^2; \quad (2\,\pi\,\nu = \text{Kreisfrequenz}). \quad (5)$$

29. Die gedämpfte freie Pendelschwingung.

Bei den in der Natur vorkommenden Schwingungen bleibt die Amplitude nicht konstant, wie bisher angenommen, sondern klingt allmählich mit der Zeit ab. Die Ursachen hiefür, die das System zu einem nicht-konservativen machen, faßt man unter den Begriffen Reibung, Reibungswiderstand, Reibungskraft zusammen. Letztere ist, wie die Erfahrung lehrt, für nicht zu kleine und nicht zu große Werte der Geschwindigkeit dieser proportional und wirkt der Bewegung entgegen; sie verhält sich also wie eine variable Kraft vom Betrag $-\mu\dfrac{d\varphi}{dt}$. Der Ansatz für die Beschleunigung lautet jetzt:

$$\vartheta\,\frac{d^2\varphi}{dt^2} = -M\,g\,a\cdot\varphi - \mu\,\frac{d\varphi}{dt}$$

oder

$$\frac{d^2\varphi}{dt^2} + \alpha\,\frac{d\varphi}{dt} + k^2\varphi = 0 \quad \text{mit } \alpha = \frac{\mu}{\vartheta};\quad k^2 = \frac{M\,g\,a}{\vartheta}. \quad (1)$$

Soll jetzt $e^{\lambda t}$ eine partikuläre Lösung dieser linearen, homogenen Differentialgleichung zweiter Ordnung sein, dann muß, wie sich durch Einsetzen in (1) ergibt, erfüllt sein:

$$\lambda_1 = -\frac{\alpha}{2} + \sqrt{\frac{\alpha^2}{4} - k^2} \quad \text{oder } \lambda_2 = -\frac{\alpha}{2} - \sqrt{\frac{\alpha^2}{4} - k^2}. \quad (2)$$

Bei der weiteren Diskussion sind zwei Fälle zu unterscheiden:

a) kleine Dämpfung, $\dfrac{\alpha^2}{4} < k^2$, periodischer Fall; b) große Dämpfung, $\dfrac{\alpha^2}{4} > k^2$, aperiodischer Fall.

a) *Periodischer Fall.* Wenn $\dfrac{\alpha^2}{4} < k^2$, dann ist der Wurzelausdruck in (2) imaginär. Man setzt $\sqrt{-1} \cdot \sqrt{k^2 - \dfrac{\alpha^2}{4}} = i\,\beta$ und erhält als partikuläre Lösungen:

$$\left.\begin{aligned}
\varphi_1 &= e^{\lambda_1 t} = e^{-\frac{\alpha}{2}t} \cdot e^{i\beta t} = e^{-\frac{\alpha}{2}t}\,[\cos\beta t + i\sin\beta t],\\[2mm]
\varphi_2 &= e^{\lambda_2 t} = e^{-\frac{\alpha}{2}t} \cdot e^{-i\beta t} = e^{-\frac{\alpha}{2}t}\,[\cos\beta t - i\sin\beta t]
\end{aligned}\right\} \quad (3)$$

Nach Multiplikation mit willkürlichen Konstanten, Addition der Teillösungen unter Verwendung nur der Realteile und üblicher Umformung der Summe der Winkelfunktionen erhält man nach elementarer Rechnung als allgemeine Lösung:

$$\varphi = A\,e^{-\frac{\alpha}{2}t}\sin(\beta t + \varepsilon). \qquad (4)$$

Über A und ε ist entsprechend den Anfangsbedingungen zu verfügen; z. B. würde $A = \varphi_0/\sin\varepsilon = \varphi_0\,k/\beta$ und $\operatorname{tg}\varepsilon = 2\,\beta/\alpha$, wenn für $t = 0$, $\varphi = \varphi_0$ und $\dfrac{d\varphi}{dt} = 0$ war.

Aus (4) folgt, daß die Bewegung wieder harmonisch erfolgt, wobei die Schwingungsdauer $\left(\beta = \dfrac{2\,\pi}{\tau'};\; \tau' = 2\,\pi\,\dfrac{1}{\sqrt{k^2 - \alpha^2/4}}\right)$ gegenüber der ungedämpften Schwingung etwas verlängert ist. Zwei aufeinanderfolgende Amplituden verhalten sich:

$$A_1 : A_2 = A\,e^{-\frac{\alpha}{2}t} : A\,e^{-\frac{\alpha}{2}(t+\tau')} = 1 : e^{-\frac{\alpha}{2}\tau'};$$

$$\ln\frac{A_1}{A_2} = \frac{\alpha}{2}\,\tau' = \sigma \qquad (5)$$

wird „logarithmisches Dekrement" genannt. Die Amplituden nehmen so, wie in Abb. 19 a dargestellt, mit der Zeit nach einer e-Potenz ab.

b) *Aperiodischer Fall.* Ist $\dfrac{\alpha^2}{4} > k^2$, dann sind die Wurzelausdrücke in (2) reell. Die beiden partikulären Lösungen sind nun:

$$\left.\begin{aligned}
\varphi_1 &= e^{\lambda_1 t} \quad \text{mit } \lambda_1 = -\frac{\alpha}{2} + \sqrt{\alpha^2/4 - k^2},\\[2mm]
\varphi_2 &= e^{\lambda_2 t} \quad \text{mit } \lambda_2 = -\frac{\alpha}{2} - \sqrt{\alpha^2/4 - k^2}.
\end{aligned}\right\} \quad (6)$$

Beide λ sind negativ, wobei der Absolutwert von λ_2 größer ist als jener von λ_1; also $\lambda_2/\lambda_1 > 1$. Die allgemeine Lösung

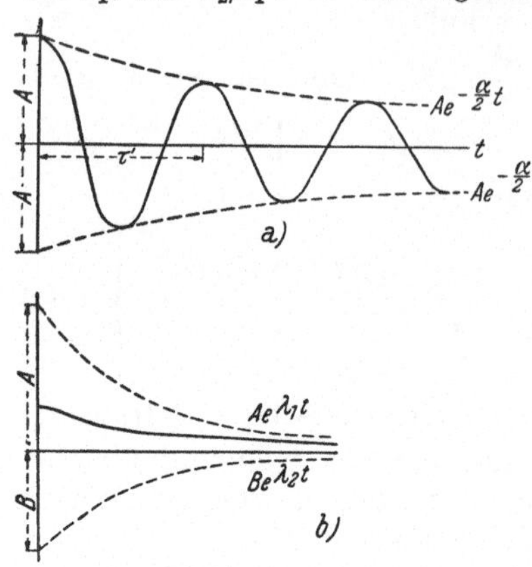

Abb. 19. Gedämpfte Schwingungen.

$$\varphi = A\, e^{\lambda_1 t} + B\, e^{\lambda_2 t}$$

ist nun keine periodische Funktion der Zeit. Die Bewegung ist *aperiodisch*. Paßt man die Integrationskonstanten den Anfangsbedingungen (z. B. $\varphi = \varphi_0$ und $d\varphi/dt = 0$ für $t = 0$) an, dann ergibt sich:

$$A = -\,B\,\lambda_2/\lambda_1 \quad \text{also} \quad |A| > |B|$$

sowie $A = -\lambda_2\,\varphi_0/(\lambda_1 - \lambda_2)$ und $B = \lambda_1\,\varphi_0/(\lambda_1 - \lambda_2)$. Man erhält somit:

$$\varphi = \frac{\varphi_0}{\lambda_1 - \lambda_2}\,(-\lambda_2\, e^{\lambda_1 t} + \lambda_1\, e^{\lambda_2 t}).$$

Die Zusammensetzung der beiden mit t abnehmenden (λ negativ!) e-Potenzen bewirkt eine „kriechende" Bewegung des ohne Dämpfung schwingungsfähigen Systems, das sich der Ruhelage asymptotisch nähert, ohne sie zu überschreiten (vgl. Abb. 19 b).

Für sehr kleine Werte der Geschwindigkeit wird allerdings die Beschreibung keine Gültigkeit mehr haben, da dann die Voraussetzung, daß die Reibung der Geschwindigkeit proportional ist, nicht mehr zutrifft.

30. Die erzwungene Schwingung.

Auf einen unter Reibung schwingungsfähigen Körper wirke eine ablenkende Kraft ein, deren Größe periodischen Schwankungen unterliege, etwa $D' = D_0'\cos\omega t$. Dann gilt für die Beschleunigung des Körpers:

oder
$$\left.\begin{aligned}
\vartheta\,\frac{d^2\varphi}{dt^2} &= -\,M\,g\,a\cdot\varphi - \mu\,\frac{d\varphi}{dt} + D_0'\cos\omega t \\[2mm]
\frac{d^2\varphi}{dt^2} &+ \alpha\,\frac{d\varphi}{dt} + k^2\varphi = D_0\cos\omega t \ \text{mit}\ \alpha \equiv \frac{\mu}{\vartheta}; \\[2mm]
& k^2 \equiv \frac{M\,g\,a}{\vartheta}; \ D_0 \equiv \frac{D_0'}{\vartheta}.
\end{aligned}\right\} \quad (1)$$

Dies ist nun eine lineare *in*homogene Differentialgleichung zweiter Ordnung. Für eine solche wird gezeigt, daß die allgemeine Lösung sich zusammensetzt aus der bereits bekannten allgemeinen Lösung der homogenen Differentialgleichung I, 29 (1) plus einer partikulären Lösung der inhomogenen Gleichung I, 30, (1). Für erstere wurde für kleine Dämpfung gefunden (I, 29, 4):

$$\varphi_1 = A\, e^{-\frac{\alpha}{2}t}\sin(\beta t + \varepsilon)\ \text{mit}\ \beta = \frac{2\pi}{\tau'} = \sqrt{k^2 - \frac{\alpha^2}{4}}, \quad (2)$$

wobei A und ε verfügbare Integrationskonstanten sind. Für letztere ergibt sich, wie man durch Einsetzen in (1) findet, als eine Lösung:

$$\varphi_2 = R \cos (\omega\, t + \gamma) \text{ mit } R = \frac{D_0}{\sqrt{(k^2 - \omega^2)^2 + \alpha^2\, \omega^2}}$$

und

$$\operatorname{tg} \gamma = \frac{\alpha\, \omega}{\omega^2 - k^2}. \qquad (3)$$

Die allgemeine Lösung von (1) ist somit:

$$\varphi = \varphi_1 + \varphi_2 = A\, e^{-\frac{\alpha}{2} t} \sin (\beta\, t + \varepsilon) + R \cos (\omega\, t + \gamma). \quad (4)$$

Diskussion des Ergebnisses. Die erzwungene Schwingung setzt sich somit aus zwei gleichzeitig stattfindenden Schwingungen zusammen. Die eine, φ_1, entspricht der Eigenschwingung des freien gedämpften Systems und hat wie dieses die Schwingungsdauer $\tau' = \dfrac{2\,\pi}{\sqrt{k^2 - \alpha^2/4}}$; sie klingt mit der Zeit ab (Abb. 19 a) und verschwindet schließlich. Die andere, φ_2, entspricht der eigentlichen erzwungenen Bewegung; sie ist ungedämpft, hat die gleiche Schwingungsdauer wie die anregende Schwingung, nämlich ω, und eine Amplitude R, die im wesentlichen von der Güte der „Resonanz“, d. i. der Übereinstimmung zwischen k und ω sowie von der Dämpfung abhängt. Zwischen ihr und der erregenden Schwingung besteht eine Phasenverschiebung γ, die gleichfalls von Dämpfung und Resonanznenner $\omega^2 - k^2$ abhängt und für Resonanz ($\omega = k$) gleich $-\pi/2$ wird.

Abgesehen von dem großen Anwendungsbereich in der Technik aller rotierender Systeme ist die erzwungene Schwingung von besonderer Bedeutung bei der

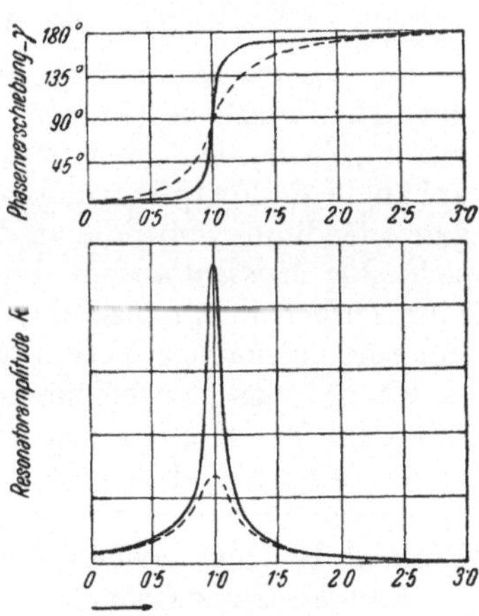

Abb. 20. Amplitude und Phasenverschiebung des Resonators. Abszisse ist ω/k.

Einwirkung von Wellen (Frequenz ω, Amplitude D_0) auf schwingungsfähige Gebilde, die als „Resonatoren“ (Eigenfrequenz k, Dämpfung α) im akustischen, optischen und elektrischen Erscheinungsgebiet die von der Welle übertragene Energie aufnehmen. Sowohl die durch R gemessene Stärke des Mitschwingens als die Phasendifferenz der Resonatorschwingung gegenüber jener der einfallenden Welle spielen dabei eine wesentliche Rolle. Für zwei verschieden starke Dämpfungen ist in Abb. 20 einerseits γ, anderseits R in Abhängigkeit vom Frequenzverhältnis ω/k schematisch dargestellt.

Je geringer die Dämpfung ist, um so sprunghafter ändert sich γ bei Variation von ω/k, wobei sich, wie oben erwähnt, die γ-Werte um den bei voller Resonanz stets eintretenden Wert $\gamma = - \pi/2$ gruppieren. Auch die Schärfe des Ansprechens wächst mit abnehmender Dämpfung; würde man die beiden Amplitudenkurven der Abb. 20 auf gleichen Maximalwert an der Stelle $\omega/k = 1$ reduzieren, dann würde die Resonanzbreite, d. i. also die Fähigkeit des Resonators zum Mitschwingen auch bei Verschiedenheit von ω und k, mit zunehmender Dämpfung eine beträchtliche Steigerung erkennen lassen.

D. Die Wellenbewegung.

31. Allgemeines.

Gemeinsame Wesenszüge aller Wellen sind: Eine an einer Stelle des „Mediums", des Trägers der Welle, erregte Störung des normalen „Zustandes" überträgt sich mit einer von der Art der Welle abhängigen Fortpflanzungsgeschwindigkeit allmählich auf das ganze Medium, wobei die an der Störungsstelle zugeführte Energie sich *ohne Massentransport* im Raume ausbreitet. Bei diesen sich raumzeitlich fortpflanzenden Zustandsänderungen handelt es sich um eine eigenartige Verknüpfung des *periodischen zeitlichen* Verlaufes, d. i. das „Nacheinander" an ein und derselben Raumstelle, mit dem *periodischen räumlichen* Verlauf, d. i. das „Nebeneinander" zu ein und derselben Zeit; diese Verknüpfung liefert das bekannte Bild der sich verschiebenden Wellenlinie, also das Profil z. B. einer ebenen Wasserwelle.

Verschieden im Charakter sind z. B. die elastischen, akustischen, optischen Wellen: Durch die Art des sich ändernden Zustandes (seitliche Auslenkung bei der transversalen Seilwelle, Dichteänderung bei der longitudinalen Luftwelle, Änderung des elektromagnetischen Feldes bei der optischen Welle usw.) und durch die mit der Natur der Welle zusammenhängende Fortpflanzungsgeschwindigkeit; denn die Übertragung des Schwingungszustandes von einer Stelle des Mediums zur anderen ist entweder durch innere, zwischen den Elementen des Mediums wirksame und bei der Störung beanspruchte Kräfte bedingt oder durch äußere Ursachen erzeugt.

In den folgenden Abschnitten wird ein gedrängter Überblick über die wesentlichsten Welleneigenschaften und deren Beschreibung gegeben. Dabei beschränkt sich die Behandlung auf die idealisierten Verhältnisse der „mathematischen Welle", bei der die Möglichkeit zur Verwirklichung denkbar einfachster Verhältnisse, wie z. B. unendlich kleine Amplituden, reine Sinusform der Schwingung bzw. völlige Einwelligkeit u. a. m. vorausgesetzt wird.

32. Die Beschreibung der mathematischen Welle.

a) *Die Zustandsgröße s als Funktion von Raum und Zeit.* Die Ausbreitung der Störung erfolgt bei ebenen Wellen in nur einer, bei Zylinderwellen in zwei, bei Kugelwellen in drei Richtungen des Raumes. Der Verlauf der Zustandsgröße s entlang einer Ausbreitungsrichtung, also die sich verschiebende Wellenlinie wird beschrieben durch

$$s = A \sin (\alpha\, t - \beta\, x). \tag{1}$$

Hält man in (1) die Zeit t konstant (Momentaufnahme des Wellenprofils), so ergibt sich eine periodische Änderung entlang der Richtung x. Hält man den Ort x konstant (Filmung des zeitlichen Verlaufes an der Stelle x), dann ergibt sich eine periodische Variation mit der Zeit t.

Die Bedeutung der Größen α und β erhält man in folgender Art: s wiederholt sich mit demselben Wert zum erstenmal, wenn der Phasenwinkel um 2π zugenommen hat, also wenn $\alpha\, t - \beta\, x$ übergeht $\rightarrow \alpha\, t - \beta\, x + 2\pi$. Der Zuwachs um 2π kann u. a. erzielt werden entweder durch Zunahme von t bei festgehaltenem x, also durch $\rightarrow \alpha \left(t + \dfrac{2\pi}{\alpha} \right) - \beta\, x$; nach I, 15 wird die zur erstmaligen Wiederholung des Schwingungszustandes verlaufende Zeit $\dfrac{2\pi}{\alpha}$ die Schwingungsdauer τ genannt. Oder es kann der Zuwachs um 2π erzielt werden bei festgehaltener Zeit t durch Abnahme von x, also durch $\rightarrow \alpha\, t - \beta \left(x - \dfrac{2\pi}{\beta} \right)$; die lineare Entfernung, nach der sich ein Schwingungszustand erstmalig wieder einstellt, wird als Wellenlänge λ bezeichnet. Aus beidem folgt: Da an der Stelle $x - \dfrac{2\pi}{\beta}$ zur Zeit t derselbe Zustand herrschte, wie zur Zeit $t + \dfrac{2\pi}{\alpha}$ an der Stelle x, so wurde der Weg $\dfrac{2\pi}{\beta}$ in der

Zeit $\frac{2\pi}{\alpha}$ von der Störung zurückgelegt, d. h. die Ausbreitungsgeschwindigkeit der Phase, die sog. Phasengeschwindigkeit, ist gleich $\frac{2\pi}{\beta}\Big/\frac{2\pi}{\alpha}$. Somit erhält man zusammenfassend:

Schwingungsdauer:
$$\tau = 2\pi/\alpha; \text{ oder } \alpha = 2\pi/\tau =$$
$$= 2\pi\nu = \omega \text{ (Kreisfrequenz,}$$
$$\text{I, 15).} \tag{2}$$

Wellenlänge:
$$\lambda = 2\pi/\beta; \text{ oder } \beta = 2\pi/\lambda =$$
$$= 2\pi\nu/\lambda\,\nu = \omega/u \text{ (vgl. 4).} \tag{3}$$

Phasengeschwindigkeit:
$$u = \alpha/\beta = \lambda/\tau = \lambda\,\nu. \tag{4}$$

Gruppengeschwindigkeit:
$$g = d\alpha/d\beta = d\omega/d\left(\frac{\omega}{u}\right) =$$
$$= u - \lambda\,du/d\lambda. \tag{5}$$

Bezüglich der des Überblickes wegen schon hier angeführten „Gruppengeschwindigkeit" g vergleiche man I, 34 d; wenn das Verhältnis α/β eine konstante Größe ist, entfällt ein Unterschied zwischen u und g. Es muß, wie man sich auszudrücken pflegt, u „Dispersion zeigen", d. h. wellenlängenabhängig sein, damit g verschieden von u wird.

Mit Hilfe der Beziehungen (2, 3, 4) läßt sich (1) in folgender häufig verwendeter Art umschreiben; dabei ist, zur Wahrung der Allgemeinheit, d. h. um in der Darstellung die Wahl des Anfangspunktes der x- und t-Zählung frei zu geben, noch eine verfügbare Phasenkonstante ε eingeführt worden.

$$s = A\sin(\alpha\,t - \beta\,x + \varepsilon) = A\sin\left(\frac{2\pi}{\tau}\,t - \frac{2\pi}{\lambda}\,x + \varepsilon\right) =$$
$$= A\sin\left(\omega\,t - \frac{\omega}{u}\,x + \varepsilon\right). \tag{6}$$

b) *Die Bedeutung der Zustandsgröße s* ist bei elastischen Wellen, bei denen es sich um wirkliche Schwingungsbewegung der Teilchen des Mediums handelt, einfach die Auslenkung des Teilchens aus der Ruhelage; diese erfolgt bei longitudinalen (Verdichtungs-) Wellen, so wie in Abb. 21 a schematisch angedeutet, *in* der Ausbreitungsrichtung x, bei transversalen (Biegungs-) Wellen (Abb. 21 b) senkrecht zu ihr, z. B. in der y-Richtung. Von dieser unmittelbar anschaulichen Bedeutung von s und der mit s dimensionsgleichen Größe A kann man ohneweiters übergehen zu dem weniger anschaulichen Fall, daß es sich dabei um die Darstellung des wellenförmigen Verlaufes von Kräften handelt; denn bei harmonischer Bewegung ist (I, 15) z. B. die durch s ge-

messene Auslenkung y der rücktreibenden Kraft K proportional
($y = K/f$), beschreibt also durch (6) mit dem gleichen Recht den
Verlauf der Kraft K in Abb. 21 b. — Diese Erwägung erleichtert
vielleicht den Übergang zu den abstrakteren Verhältnissen bei
der elektromagnetischen Welle, bei der nicht innere Kräfte des
Mediums, sondern das Zusammenspiel zweier zueinander und zur
Ausbreitungsrichtung senkrechter Feldkräfte, der magnetischen
Feldkraft $\mathfrak{H}$ und der elektrischen Feldkraft $\mathfrak{E}$ das Fortschreiten

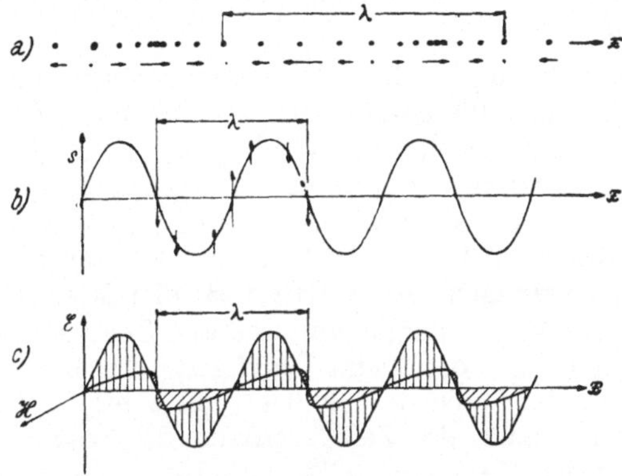

Abb. 21. Wellenprofile von fortschreitenden a) longitudinalen,
b) transversalen, c) elektromagnetischen Wellen.

in der x-Richtung bedingt, wenn $\mathfrak{H}$ in der z-, $\mathfrak{E}$ in der y-Richtung
periodischen, gleichphasigen Zustandsänderungen der Form (6)
unterliegen (vgl. Abb. 21 c).

c) Die *Amplitude A*, also der Extremwert von s, da die Winkel-
funktion in (6) nur zwischen $\pm\,1$ liegen kann, ist dimensionell
gleich s. A wird im allgemeinen keine Konstante sein; denn wenn
sich z. B. die Energie von einem Störungszentrum O ausgehend
im homogenen Medium auf immer größer werdende Kugelflächen
ausbreiten und verteilen muß, muß die Energiedichte mit dem
Quadrat der Entfernung x abnehmen, die Amplitude sich also
nach (13) mit der ersten Potenz von x verringern. Über diesen
Effekt übergelagert kann noch ein Absorptionseffekt (Dämpfung
der Schwingung) sein, der, wenn der prozentuelle Energieverlust
z. B. der Weglänge proportional ist ($dE/E = -\,k\,dx$), eine
Energieverringerung im Verhältnis e^{-kx} verursacht, die sich ebenfalls in der Amplitude bemerkbar machen muß.

d) *Die Energieverhältnisse.* In einem Wellenfeld ist jede
Volumseinheit mit Wellenenergie, Energiedichte $E' = E/V$, er-

füllt. Unter „objektiver Intensität" wird gewöhnlich die Energiemenge verstanden, die in der Zeiteinheit durch die Flächeneinheit hindurchströmt. Es ist dies bei ebenen Wellen die Energie, die in einem Zylinder vom Querschnitt 1 cm^2 und von der Länge u enthalten ist, also $I = E' \cdot u$. Gelingt es, diese Energie völlig zu absorbieren, so wird auf den dazu verwendeten Empfänger der „Strahlungsdruck" $p = E'$ ausgeübt; denn die Arbeit, um den Empfänger um ds zu verschieben, ist einerseits gleich $p \cdot ds$, anderseits gleich der dabei aufgenommenen Wellenenergie $E' \cdot ds$; somit $p = E'$.

Die Energiedichte E' hängt begreiflicherweise von der Natur der Welle ab. Im Falle einer elastischen Welle steckt in der Bewegung des Einzelteilchens sowohl potentielle als kinetische Energie. Konservative Verhältnisse vorausgesetzt, gehen diese bei der Schwingung verlustlos ineinander über, so daß ihre Summe in jedem Zeitmoment konstant ist. Dieser konstante Energiewert ist leicht zu bestimmen, wenn man z. B. den Moment auswählt, in dem die potentielle Energie Null und alle Energie in kinetischer Form vorhanden ist; d. i. beim Durchgang durch die Ruhelage, also bei maximaler Geschwindigkeit v^*, aus $m\,v^{*2}/2$. Differenzieren von (6) partiell nach der Zeit, 1-Setzen des cosinus und Quadrieren liefert den Wert $m\,\omega^2\,A^2/2$. Dies ist der für jedes Teilchen und (wegen $L + V =$ konst.) für jeden Zeitmoment vorhandene Energievorrat. Für die in einem Kubikzentimeter vorhandenen N-Teilchen mit der Gesamtmasse $N \cdot m = \varrho$ (Dichte des Mediums) erhält man somit $E' = \varrho\,\omega^2\,A^2/2$. — In der Elektrizitätslehre wird gezeigt, daß in einem elektrischen bzw. magnetischen Feld mit der Feldstärke $\mathfrak{E}$ bzw. $\mathfrak{H}$ und der Dielektrizitätskonstante ε bzw. Permeabilität μ des Mediums die Energiedichte E' gleich $\dfrac{\varepsilon\,\mathfrak{E}^2}{8\,\pi}$ bzw. $\dfrac{\mu\,\mathfrak{H}^2}{8\,\pi}$ ist. Im elektromagnetischen Wellenfeld sind beide Beträge stets gleich groß und $\mathfrak{E}$ und $\mathfrak{H}$ sind periodische Funktionen vom Typus (6). Der Mittelwert $\overline{\mathfrak{E}^2}$, genommen über eine ganze Wellenlänge, ist $A^2/2$. Daher ist die Energiedichte gegeben durch $E' = \dfrac{1}{8\,\pi}\,(\varepsilon\,\overline{\mathfrak{E}^2} + \mu\,\overline{\mathfrak{H}^2}) = \dfrac{\varepsilon\,\overline{\mathfrak{E}^2}}{4\,\pi} = \dfrac{\varepsilon\,A^2}{8\,\pi}$.

e) Die *Fortpflanzungsgeschwindigkeit* der Welle hängt gleichfalls von der Natur der Welle ab. Bei elastischen Wellen ist sie gegeben durch Ausdrücke der Form $u = \sqrt{\Phi/\varrho}$, worin Φ (Dimension Kraft/Fläche) die bei der Störung beanspruchten elastischen Eigenschaften des Mediums (Gestaltselastizität bei festen, Volumselastizität bei festen, flüssigen, gasförmigen Stoffen) mißt. — Bei elektromagnetischen Wellen gilt $u = \dfrac{c_0}{\sqrt{\varepsilon\mu}}$, worin c_0 die Phasengeschwindigkeit im Vakuum $(c_0 = 1/\sqrt{\varepsilon_0\mu_0})$ und ε bzw. μ Dielektrizitätskonstante bzw. Permeabilität des Mediums, bezogen auf die Werte ε_0, μ_0 im Vakuum, bedeuten. In den praktisch interessierenden Medien ist $\mu \cong 1$, ε zwischen 1 und 100. Bei den optischen Wellen wird $n \equiv c_0/c = \sqrt{\varepsilon\mu} \sim \sqrt{\varepsilon}$ als Brechungsexponent n bezeichnet.

f) Der *Polarisationszustand* der transversalen Wellen. Bei diesen schwingt die Zustandsgröße s in einer Ebene senkrecht zur Ausbreitungsrichtung x. Ist die Schwingung, so wie in Abb. 21 b angenommen, eine lineare, so bezeichnet man sie als linear „polarisiert", ist sie elliptisch oder kreisförmig, so wird sie elliptisch oder zirkular polarisiert genannt (vgl. Abb. 22). Jede nicht-lineare Schwingung läßt sich (I, 15 d) in zwei zueinander senkrechte lineare Schwingungen sowohl rechnerisch als durch geeignete Vorrichtungen („Polarisatoren") experimentell zerlegen und so z. B. eine elliptisch polarisierte Schwingung durch Unterdrückung der einen Komponente in eine linear polarisierte verwandeln. *Nur* transversal schwingende Wellen zeigen Polarisationseigenschaften, so daß deren Nachweis für Transversalität beweiskräftig ist.

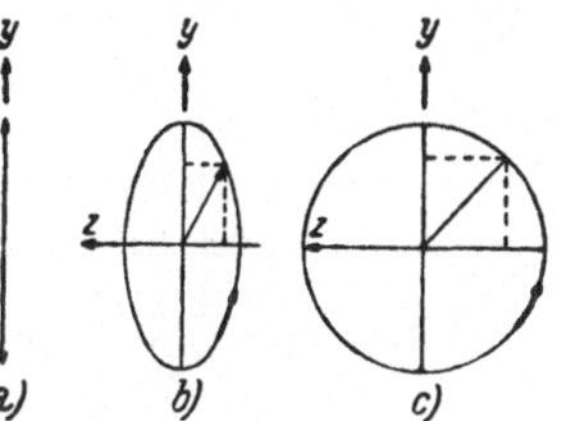

Abb. 22. Zur Polarisation transversaler Wellen.

Bei den transversalen elektromagnetischen Wellen treten gleichfalls Polarisationserscheinungen auf und spielen in der physikalischen Optik eine wichtige Rolle. Da bei der Wechselwirkung mit Materie nur der elektrische Vektor $\mathfrak{E}$ zur Geltung kommt, ist nur dieser von Interesse und vom magnetischen Vektor $\mathfrak{H}$ kann auf dem ganzen großen Erscheinungsgebiet der Wechselwirkung von Strahlung mit Materie abgesehen werden. $\mathfrak{E}$ kann nun wieder linear, elliptisch, zirkular schwingen; elliptisch polarisiertes Licht kann sich überdies durch den Umlaufsinn unterscheiden und wird rechts bzw. links elliptisch polarisiert genannt, je nachdem, ob die Ellipse im Sinn oder entgegen dem Sinn des Uhrzeigers durchlaufen wird. Durch Polarisatoren kann das Licht in seine Komponenten zerlegt und durch Unterdrückung einer derselben in linear polarisiertes verwandelt werden. In anisotropen Medien (Medien mit Eigenschaften, die in der Ebene senkrecht zur Fortpflanzung Richtungsverschiedenheiten aufweisen) können die beiden Komponenten verschiedene Fortpflanzungsgeschwindigkeiten haben und so Anlaß zur „Doppelbrechung" geben.

g) *Die Differentialgleichung der Welle* (Wellengleichung). Zweimaliges Differenzieren von (6), einerseits partiell nach x, anderseits partiell nach t, liefert die Beziehungen:

$$\frac{\partial^2 s}{\partial x^2} = -\frac{\omega^2}{u^2}\, A \sin\left(\omega\, t - \frac{\omega}{u}\, x + \varepsilon\right) = -\frac{\omega^2}{u^2}\, s. \tag{7}$$

$$\frac{\partial^2 s}{\partial t^2} = -\omega^2\, A \sin\left(\omega\, t - \frac{\omega}{u}\, x + \varepsilon\right) = -\omega^2\, s. \tag{8}$$

Aus (7) und (8) folgt:

$$\frac{\partial^2 s}{\partial x^2} = \frac{1}{u^2}\, \frac{\partial^2 s}{dt^2}. \tag{9}$$

Diese Differentialgleichung wird die (eindimensionale) „Wellengleichung" genannt. Im dreidimensionalen Fall der Kugelwelle
geht sie über in:

$$\Delta s \equiv \frac{\partial^2 s}{\partial x^2} + \frac{\partial^2 s}{\partial y^2} + \frac{\partial^2 s}{\partial z^2} = \frac{1}{u^2}\, \frac{\partial^2 s}{\partial t^2} \tag{10}$$

$$\left(\Delta = \frac{\partial^2}{\partial x^2} + \frac{\partial^2}{\partial y^2} + \frac{\partial^2}{\partial z^2} \dots \text{„Laplacescher Operator"}\right),$$

wobei gleichzeitig für die Entfernung r vom Ursprung (Störungszentrum) gilt:

$$r^2 = u^2\, t^2 = x^2 + y^2 + z^2. \tag{11}$$

Es läßt sich zeigen, daß man (10) wegen Gültigkeit von (11) umformen kann in:

$$\frac{\partial^2 (r\, s)}{\partial r^2} = \frac{1}{u^2}\, \frac{\partial^2 (r\, s)}{dt^2}. \tag{12}$$

Eine partikuläre Lösung von (12) hat wieder die Form (6), nur
daß s durch $r \cdot s$ und x durch r zu ersetzen ist:

$$r\, s = A \sin\left(\omega\, t - \frac{\omega}{u}\, r + \varepsilon\right); \text{ oder } s = \frac{A}{r} \sin\left(\omega\, t - \frac{\omega}{u}\, r + \varepsilon\right). \tag{13}$$

Die Amplitude A nimmt somit bei der Ausbreitung mit $1/r$ ab,
die Energie (vgl. d) also mit $1/r^2$.

Nun ist aber zu bemerken, daß, wenn etwa eine Gleichung der
Form (9) vorgegeben ist, die Lösung (6) keineswegs die einzige ist
[ebensowenig wie (13) gegenüber (10)], die die Differentialgleichung befriedigt. *Jede* Funktion der Form $s = f\,(x \pm u\, t)$
leistet, wie man sich leicht durch Differenzieren überzeugen kann,
dasselbe; dies bedeutet das Folgende: Wenn zur Zeit $t = 0$ eine
Störung so beschaffen war, daß der gestörte Zustand entlang der

x-Richtung durch $f(x)$ beschrieben wird, so wird die Abweichung des Zustandes vom Normalwert um t Sekunden später durch $f(x \pm u\,t)$ gegeben sein; das heißt aber nichts anderes, als daß die ganze Störung sich mit der Geschwindigkeit u entlang der x-Achse nach rechts und links verschoben hat (vgl. Abb. 23).

Während also die Lösung der Abb. 23 etwa dem Fall entspricht, daß einem gespannten Seil zur Zeit $t = 0$ eine einmalige Deformation erteilt

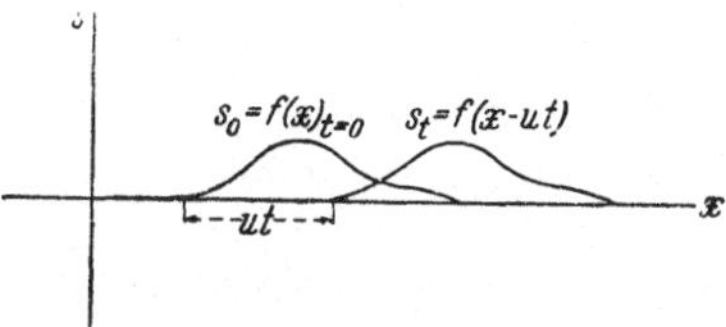

Abb. 23. Die Lösung $s = f(x - u\,t)$.

und diese dann sich selbst überlassen wird, ist (6) die Lösung der Differentialgleichung (9) dann, wenn s als *periodische Funktion der Zeit* an der Stelle $x = 0$ vorgegeben ist, d. h. wenn das Seil an der Stelle $x = 0$ durch eine äußere Kraft periodisch hin und her bewegt wird entsprechend Gleichung (8). Für $x = 0$ gilt dann $s = A \cdot \sin \omega\,t$, während an den Stellen $\pm x$ die Störung so beschaffen ist, wie sie zu den Zeiten $t \mp x/u$ an der Stelle $x = 0$ war; daher $s = A \sin \omega\,(t \mp x/u)$ entsprechend der Lösung (6).

33. Der Doppler-Effekt.

Von CHRISTIAN DOPPLER (Wien) wurde 1842 darauf verwiesen, daß zufolge den Eigenschaften eines Wellenfeldes die Relativbewegung von Wellenquelle Q oder Wellenempfänger (Beobachter B) Frequenzänderungen bewirken müsse. Diese auf

Abb. 24. Zum DOPPLER-Effekt.

akustischem Gebiet wohl allgemein bekannte Erscheinung (z. B. sprunghafte Tonhöhenvertiefung der Hupe eines knapp an B schnell vorbeifahrenden Kraftwagens) ist insbesondere auf optischem Gebiet von großem naturwissenschaftlichen Erkenntniswert. Bei Ableitung der quantitativen Formulierung des Effekts darf nicht übersehen werden, daß man es mit der Relativbewegung *dreier* gegeneinander bewegbarer Systeme zu tun hat, des Systems $S\,(Q)$ der Wellenquelle, des Systems $S\,(M)$ des Wellenmediums und des Systems $S\,(B)$ des Wellenbeobachters.

Gegeben sei eine zunächst ruhende Quelle, die mit der Frequenz ν_0 das ruhende Medium M zu ebenen Wellen mit der Phasengeschwindigkeit u_0 und der Wellenlänge $u_0/\nu_0 = \lambda_0$ in der x-Richtung anregt. Der Beobachter B urteilt über die Frequenz entweder direkt nach der Zahl der Wellenberge, die ihn in der Zeiteinheit erreichen, oder indirekt nach dem Verhältnis von beobachteter Geschwindigkeit u und Wellenlänge λ. Man kann das Problem auf elementarem Weg, nach dem klassischen oder nach dem speziellen Relativitätsprinzip behandeln.

A. Elementare Überlegungen. a) *Nur* die Quelle Q bewegt sich mit der Geschwindigkeit v_Q in der $+\ x$-Richtung relativ gegen das System $S\ (M + B)$: B beobachtet zwar dasselbe u_0, denn wenn die Welle einmal Q verlassen hat, ändert sich während ihrer Laufzeit nach B nichts am Weg; die Wellenlänge jedoch wird geändert: Denn die in der Zeiteinheit von Q ausgesendeten Wellen, es sind ihrer ν_0, werden auf die durch die Q-Bewegung verkürzte Strecke $u_0 - v_Q$ zusammengedrängt; somit:

$$\left.\begin{aligned}
u_Q &= u_0; \quad \lambda_Q = \frac{u_0 - v_Q}{\nu_0}; \\[2mm]
\nu_Q &= \frac{u_Q}{\lambda_Q} = \nu_0 \frac{u_0}{u_0 - v_Q} = \nu_0 \frac{1}{1 - \dfrac{v_Q}{u_0}} = \\[2mm]
&= \nu_0 \left[1 + \frac{v_Q}{u_0} + \left(\frac{v_Q}{u_0}\right)^2 + \ldots\right]
\end{aligned}\right\} \quad (1)$$

b) *Nur* der Beobachter B entfernt sich mit der Geschwindigkeit v_B vom System $S\ (Q + M)$ in der x-Richtung. Nun beobachtet B, da sich während der Laufzeit der Welle der bis B zurückzulegende Weg um v_B verlängert, die verkleinerte Geschwindigkeit $u_0 - v_B$, dafür bleibt aber die Wellenlänge ungeändert. Somit:

$$\left.\begin{aligned}
u_B &= u_0 - v_B; \quad \lambda_B = \lambda_0 = \frac{u_0}{\nu_0}; \\[2mm]
\nu_B &= \frac{u_B}{\lambda_B} = \nu_0 \frac{u_0 - v_B}{u_0} = \nu_0 \left(1 - \frac{v_B}{u_0}\right).
\end{aligned}\right\} \quad (2)$$

Zufolge (1) und (2) ist der Effekt unsymmetrisch. Denn bei $\genfrac{}{}{0pt}{}{\text{Verkürzung}}{\text{Verlängerung}}$ des Abstandes zwischen Q und B um v' cm/s ist es nicht gleichgültig, ob diese durch die Bewegung von Q ($v_Q = \pm\, v'$) oder von B ($v_B = \mp\, v'$) zustande kommt. Insbesondere ergibt sich bei Vergrößerung um $v' = u_0$, im Falle a mit $v_Q = -\, u_0 \ldots \nu_Q = \frac{\nu_0}{2}$, im Falle b mit $v_B = +\, u_0 \ldots \nu_B = 0$.

c) Sowohl Q als B bewegen sich in der x-Richtung. B beobachtet, weil sich Q bewegt, die geänderte Wellenlänge $\lambda_{Q\,B} = \lambda_Q$, weil sich B bewegt, die geänderte Geschwindigkeit $u_{Q\,B} = u_B$. Somit:

$$\left.\begin{aligned} u_{Q\,B} = u_B = u_0 - v_B; \quad \lambda_{Q\,B} = \lambda_Q = \frac{u_0 - v_Q}{v_0}; \\[2ex] v_{Q\,B} = v_0\, \frac{u_0 - v_B}{u_0 - v_Q} = v_0\, \frac{1 - \dfrac{v_B}{u_0}}{1 - \dfrac{v_Q}{u_0}}. \end{aligned}\right\} \qquad (3)$$

Für gleichsinnige und gleichschnelle Bewegung von Q *und* B, d. i. Bewegung von $S\,(Q + B)$ gegen $S\,(M)$, verschwindet der Effekt, da $v_Q = v_B = v'$. (Beispiel: Wind bläst in oder entgegen der Richtung des Schalles.)

B. Galilei-Transformation. Nach I, 4 (Achtung! Die Bedeutung der dort und in I, 5 verwendeten Zeichen u und v ist hier und im nächsten Abschnitt zu vertauschen!) lauten die Transformationsgleichungen: $x = = x' + v\,t'$, $t = t'$. Dabei gehören die ungestrichelten Koordinaten jetzt zu dem im System $S\,(Q + M + B)$ ruhenden Koordinatenkreuz, die gestrichelten zum in der x-Richtung mit der Geschwindigkeit v bewegten. Mit dieser Transformation geht die Beschreibung der Welle über von

$$\left.\begin{aligned} s = A \sin\left(\omega_0\, t - \frac{\omega_0}{u_0}\, x\right) \quad \text{nach} \quad s' = A \sin\left[\omega_0\, t' - \frac{\omega_0}{u_0}\,(x' + v\,t')\right] = \\[2ex] = A \sin\left[\omega_0\left(1 - \frac{v}{u_0}\right) t' - \frac{\omega_0\left(1 - \dfrac{v}{u_0}\right)}{u_0\left(1 - \dfrac{v}{u_0}\right)}\, x'\right]. \end{aligned}\right\} \qquad (4)$$

Durch Einführung der neuen Größen

$$\omega' = \omega_0\left(1 - \frac{v}{u_0}\right) \quad \text{und} \quad u' = u_0\left(1 - \frac{v}{u_0}\right) = u_0 - v \qquad (5)$$

erhält man aus (4):

$$s' = A \sin\left(\omega'\, t' - \frac{\omega'}{u'}\, x'\right). \qquad (6)$$

Das heißt: Die Transformation ändert nichts am Wellencharakter, jedoch sind Frequenz und Phasengeschwindigkeit entsprechend (5) in ω' und u' verwandelt worden.

a) *Nur S' (Q)* bewegt sich mit v_Q gegen $S\,(M + B)$: In (5) wird $v = v_Q$; ferner wird die Frequenz ω_0, das ist jene der in $M + B$ *ruhenden* Quelle Q, jetzt zu $\omega' = \omega_Q$, da sich nun Q gegen $M + B$ bewegt; dafür wird die Frequenz ω', das ist jene des gegen M *bewegten* Beobachters, nun, da B in M ruht, zu ω_0. Bei Vertauschung von ω' mit ω_0 erhält man somit aus (5):

$$\omega_0 = \omega_Q\left(1 - \frac{v_Q}{u_0}\right) \quad \text{oder} \quad \omega_Q = \omega_0\, \frac{1}{1 - \dfrac{v_Q}{u_0}}, \qquad (1')$$

identisch mit (1).

b) *Nur S′ (B)* bewegt sich mit v_B gegen S $(Q + M)$: Dann wird in (5) $v = v_B$, $\omega′ = \omega_B$ und man erhält:

$$\omega_B = \omega_0 \left(1 - \frac{v_B}{u_0}\right), \tag{2′}$$

identisch mit (2).

c) Die Kombination von a und b liefert so wie oben unter A, c wieder eine mit (3) identische Beziehung. — Die Behandlung des Problems mit Hilfe der klassischen Galilei-Transformation ist also, wie nicht anders zu erwarten, gleichwertig mit der in A angewandten Methode.

C. **Lorentz-Transformation.** Die Übertragung von A oder B auf elektromagnetische Wellen ($u_0 = c_0$, Lichtgeschwindigkeit im Vakuum) kann, wie ja auch auf allen anderen Erscheinungsgebieten nur für den Fall $\dfrac{v^2}{c_0^2} \ll 1$ zu näherungsweise richtigen Ergebnissen führen. Denn erfahrungsgemäß ist die Lichtgeschwindigkeit von der Bewegung sowohl der Lichtquelle als des Beobachters unabhängig, eine Feststellung, die bekanntlich die Grundlage der EINSTEINschen Relativitätstheorie bildet. Dementsprechend sind die GALILEIschen Transformationsgleichungen durch die LORENTZschen zu ersetzen:

$$x = \frac{1}{\beta}\,(x′ + v\,t′); \quad t = \frac{1}{\beta}\left(t′ + \frac{v\,x′}{c_0^2}\right) \ \text{mit}\ \beta = \sqrt{1 - v^2/c_0^2}.$$

Mit dieser Transformation geht die Beschreibung der Welle über von

$$s = A \sin\left(\omega_0\, t - \frac{\omega_0}{c_0}\, x\right) \ \text{nach}\ s′ = A \sin\left(\omega′\, t′ - \frac{\omega′}{c_0}\, x′\right)$$

mit

$$\omega′ = \omega_0\, \frac{1 - \dfrac{v}{c_0}}{\sqrt{1 - v^2/c_0^2}} = \omega_0 \sqrt{\frac{1 - v/c_0}{1 + v/c_0}}. \tag{7}$$

Nur wenn $\dfrac{v^2}{c^2} \ll 1$ erhält man mit $c_0 = u_0$ wieder die Beziehung (5) und die aus ihr ablesbaren Folgerungen (1), (2), (3). — Da in (7) im Sinne der speziellen Relativitätstheorie v sich nur mehr auf die Relativgeschwindigkeit zwischen Q und B beziehen kann, also $v = v_Q \pm v_B$ gelten muß, ist beim optischen Doppler-Effekt der Befund „symmetrisch". Ein weiterer, aus den vereinfachten Ableitungen in B und C allerdings nicht ersichtlicher Unterschied zwischen (5) und (7) besteht darin, daß im ersteren Falle bei einer Bewegung von Q oder *B senkrecht* zum Wellenfeld der sog. „transversale" Doppler-Effekt verschwindet, während nach (7) eine schwache Frequenzänderung vorhanden ist. Ein lichtstrahlendes Atom liefert, auch wenn es in größerer Entfernung an B vorbeifliegt, eine etwas andere Frequenz, wie wenn es ruht. Da jede periodische Erscheinung zur Zeitzählung verwendet werden kann, ist dies eine greifbare Veranschaulichung der in I, 6 g gezogenen Folgerung betreffend den veränderten Gang bewegter Uhren.

Große Bedeutung hat der optische Doppler-Effekt in der Astrophysik, wo aus der Frequenzänderung des Sternenlichtes (zu ermitteln durch Vergleich mit den bekannten Frequenzen des Spektrums einer ruhenden irdischen Lichtquelle) auf die Stern-*bewegung* geschlossen wird. Dabei zeigt sich z. B., daß die fremde

Milchstraßensysteme darstellenden außergalaktischen Nebel unerwartet große (bis 0,1 c) Radialgeschwindigkeiten im Sinne eines Auseinanderstrebens (Expansion des Weltalls) besitzen; die Frequenzen sind durchweg nach kleineren Werten (sog. Rotverschiebung) geändert. Geht man anderseits von diesen Riesendimensionen des Erscheinungsgebietes zu den Zwergdimensionen, zu den Verhältnissen bei atomarem Geschehen über, so führt hier der Doppler-Effekt, hervorgerufen durch die Wärmebewegung der lichtstrahlenden Atome, dazu, daß keine Spektrallinie streng monochromatisch (nur eine einzige Frequenz vertretend) ist, sondern endliche Linienbreite besitzt und einen, allerdings sehr kleinen, Frequenz*bereich* umfaßt.

34. Die Überlagerung von Wellen.

a) *Das Prinzip der ungestörten Superposition* besagt, daß bei gleichzeitigem Vorhandensein mehrerer Wellenzüge in einem Wellenfeld jede einzelne Welle sich so ausbreitet, wie wenn die anderen nicht vorhanden wären. Das beinhaltet die weitere Aussage (vgl. I, 15 d), daß beim Hinüberstreichen gleichgerichteter Wellen über denselben Punkt des Mediums die resultierende Zustandsänderung an dieser Stelle durch algebraische Addition der Teilzustandsänderungen zu finden ist. Die Gültigkeit dieses Prinzips setzt jedoch die Gültigkeit des Hookeschen Gesetzes voraus, das die Proportionalität zwischen rücktreibender Kraft und Auslenkung fordert. Für hinreichend kleine Werte der Zustandsänderungen ist diese Forderung stets erfüllt. — Die Überlagerung mehrerer Wellen an derselben Raumstelle wird als „Interferenz" bezeichnet.

b) *Interferenz gleichfrequenter Wellen gleicher Richtung.* Die Summation

$$s = \Sigma s_i = \Sigma A_i \sin\left(\omega t - \frac{\omega}{u} x + \delta_i\right) = \Sigma A_i \sin(\varphi + \delta_i),$$

mit
$$\varphi = \omega t - \frac{\omega}{u} x \tag{1}$$

führt auf den in I, 15 d behandelten Fall zurück mit dem Ergebnis:

$$s = A \sin(\varphi + \varepsilon), \text{ wobei } A^2 = (\Sigma A_i \cos \delta_i)^2 + (\Sigma A_i \sin \delta_i)^2$$

und
$$\operatorname{tg} \varepsilon = \frac{\Sigma A_i \sin \delta_i}{\Sigma A_i \cos \delta_i}. \tag{2}$$

Spezialisiert auf die Superposition von nur zwei Wellen erhält man nach elementarer Umformung für die resultierende Amplitude:

$$A^2 = A_1^2 + A_2^2 + 2 A_1 A_2 \cos \gamma, \text{ mit } \gamma = \delta_1 - \delta_2. \tag{3}$$

Betrachtet man einen bestimmten Punkt des Mediums ($x=$ konst.), so ergibt sich s als $f(t)$ ganz entsprechend dem Vorgang in Abb. 8 von I, 15. Wird anderseits im Argument φ die Zeit t festgehalten und s als $f(x)$ in einem gegebenen Augenblick gesucht, dann erhält man genau das gleiche Ergebnis wie in Abb. 8, nur daß jetzt als Abszisse nicht t und τ, sondern x und λ auftreten und dadurch

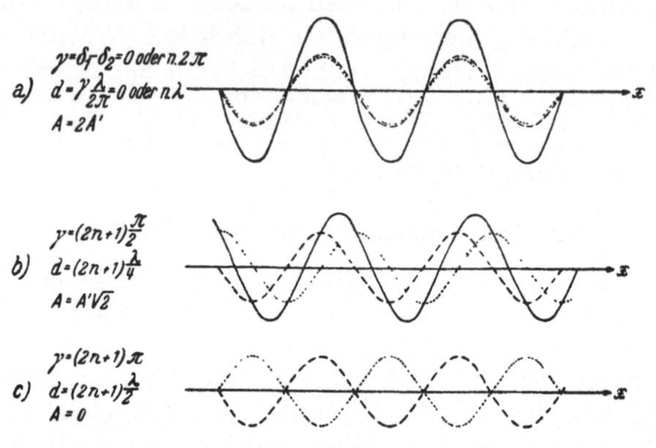

Abb. 25. Interferenz gleichfrequenter Wellen. (Ersetze das Zeichen d durch Γ.)

die räumliche Verteilung (das Wellenprofil) erhalten wird. Dabei hat man, je nachdem, ob man die Phasendifferenz in Winkelgraden (γ) oder in Vielfachen der Schwingungsdauer τ bzw. der Wellenlänge λ ausdrücken will, umzuformen:

$$\left.\begin{aligned}
\delta_1 - \delta_2 &= \gamma = 0 \quad \pi/2 \quad 2\,\pi/2 \quad 3\,\pi/2 \quad 4\,\pi/2\ldots \\
\frac{\gamma}{\omega} &= \frac{\tau}{2\,\pi}\,\gamma = 0 \quad \tau/4 \quad 2\,\tau/4 \quad 3\,\tau/4 \quad 4\,\tau/4\ldots \\
\text{,,Gangunterschied``}\ \Gamma &= \\
&= \frac{u}{\omega}\,\gamma = \frac{\lambda}{2\,\pi}\,\gamma = 0 \quad \lambda/4 \quad 2\,\lambda/4 \quad 3\,\lambda/4 \quad 4\,\lambda/4\ldots
\end{aligned}\right\} \tag{4}$$

Für die weitere Spezialisierung $A_1 = A_2$ folgt aus (3) das in Abb. 25 skizzierte Interferenzergebnis. Für $\Gamma = n\,\lambda$ (γ ein gerades Vielfaches von π) tritt maximale Verstärkung ein (Abb. 25 a). Für $\Gamma = (2\,n+1)\,\lambda/2$ (ein ungerades Vielfaches von π) erfolgt Auslöschung (Abb. 25 c; Interferenz im engeren Sinne).

Vorausgesetzt wird bei diesem Vorgehen die sog. ,,Kohärenz`` der Wellen, d. h. die Unveränderlichkeit der Phasendifferenz während der Interferenz. Diese Forderung ist bei natürlichen Wellen- (Schall-, Licht-) Quellen im allgemeinen nur für einen kurzen Wellenzug, also für eine meist eng begrenzte Zahl zusammenhängender Wellenlängen erfüllt. Anderseits bedürfen die Wellenempfänger, u. a. Auge und Ohr des Menschen, einer nicht unerheblichen Energiezufuhr, bevor sie ansprechen, d. h. die Empfänger müssen über eine größere Zahl von Wellen summieren. Sind diese beiden Wellen nun nicht kohärent, ist also über alle möglichen zwischen den extremen Resultierenden der Abb. 25 a und c gelegenen Kurvenformen zu mitteln, dann ist zu beachten: Der energetische Mittelwert von n solcher Wellenlängen mit den

Einzelenergien E_i ist $\overline{E} = \frac{1}{n} \sum E_i$ mit (vgl. I, 32 d)

$$E_i \sim A_i^2 = A_1^2 + A_2^2 + 2 A_1 A_2 \cos \gamma_i;$$

daher $\quad \overline{E} \sim \frac{1}{n} \sum A_1^2 + \frac{1}{n} \sum A_2^2 + \frac{1}{n} \sum 2 A_1 A_2 \cos \gamma_i.$

Da bei zufälliger Verteilung des Wertes für γ_i zwischen o und 2π der cos alle Werte zwischen $+$ 1 und $-$ 1 gleich häufig annehmen wird, ist $\sum 2 A_1 A_2 \cos \gamma_i = 0$. Man erhält $\overline{E} \sim (A_1^2 + A_2^2)$. Das heißt: Bei regelloser Phasenbeziehung („Inkohärenz") addieren sich im Mittel über viele Wellen nicht die Amplituden zur resultierenden mittleren Amplitude, sondern die Energien, also die Amplitudenquadrate, zur mittleren Energie. Man erhält für m gleichwertige Quellen nicht bestenfalls $\overline{E} \sim (m A)^2$, sondern $\overline{E} \sim m A^2$. Beispiel: Die wirkliche Tonleistung beim Erzeugen eines Tones gleichzeitig auf zwei Instrumenten ist bekanntlich nicht viermal so groß, sondern nur zweimal so groß als bei nur einem Instrument. Dementsprechend wächst die Amplitude des integrierenden Trommelfelles nicht auf das Doppelte, sondern nur auf das $\sqrt{2}$tache.

c) *Interferenz zweier gleichfrequenter Wellen entgegengesetzter Richtung* (*stehende Wellen, Randwertprobleme*). Zwei Wellen gleicher Amplitude mögen in der $+ x$- und $- x$-Richtung einander entgegenlaufen (Abb. 26 a). Das Ergebnis ihrer Überlagerung ist:

$$s = A \sin\left(\omega t - \frac{\omega}{u} x\right) + A \sin\left(\omega t + \frac{\omega}{u} x\right) =$$

$$= 2 A \cos \frac{\omega}{u} x \cdot \sin \omega t = 2 A \cos \frac{2\pi}{\lambda} x \cdot \sin \frac{2\pi}{\tau} t, \quad (5)$$

wobei von der Umformung $\sin(\alpha - \beta) + \sin(\alpha + \beta) = 2 \cos \beta \sin \alpha$ Gebrauch gemacht wurde. (5) hat nun nicht mehr die Form (1) einer fortschreitenden Welle, obwohl es sich wieder um eine raumzeitliche Periodizität handelt. Denn erstens schwingen in der durch Superposition entstandenen Welle (Abb. 26 b) alle Stellen x

in *gleicher* Phase: s hat z. B. für $\sin \frac{2\pi}{\tau} t = 0$ bzw. 1 *überall* den Wert Null bzw. den Maximalwert. Zweitens ist letzterer als $2A \cos \frac{2\pi}{\lambda} x$ eine periodische Funktion von x; d. h. daß z. B. an allen Stellen, wo x ein ungerades Vielfaches von $\frac{\lambda}{4}$ ist $\Big[x = (2n+1)\frac{\lambda}{4}; \quad \frac{2\pi}{\lambda} x = (2n+1)\frac{\pi}{2}; \quad \cos \frac{2\pi}{\lambda} x = 0 \Big]$, Ruhe herrscht (Knotenstellen), während für gerade Vielfache von $\frac{\lambda}{4} \Big[x = 2n\frac{\lambda}{4}; \quad \frac{2\pi}{\lambda} x = n\pi; \quad \cos \frac{2\pi}{\lambda} x = \pm 1 \Big]$ dann, wenn $\sin \frac{2\pi}{\tau} t = \pm 1$ wird, die größtmögliche Elongation $2A$ (Schwingungsbauch) auftritt. — Man erhält das von der schwingenden Saite her allgemein bekannte Bild der „stehenden Schwingung", das vollkommen der Darstellung in Abb. 25 a entspricht, wenn dort die Welle nicht nach rechts wandernd, sondern sozusagen „auf der Stelle tretend" gedacht wird. — Wird die zurücklaufende Welle durch Reflexion erzeugt, dann hängt die Phasenverschiebung von den für die Reflexionsstelle vorgegebenen Bedingungen ab. Wird an dieser die Schwingungsbewegung erschwert, so wie dies bei der Zurückwerfung einer optischen Welle an der Grenze zum optisch dichteren Medium (mit der kleineren Fortpflanzungsgeschwindigkeit) oder einer Seilwelle an einem Befestigungspunkt der Fall ist, dann muß ein Phasensprung um $\frac{\lambda}{2}$ d. i. 180 Grad, eintreten, damit daselbst zu jeder Zeit eine Amplitudenverminderung (eventuell bis herab zum Wert Null: „Knotenpunkt") entsteht.

Wie man sich durch partielle Differentiation von (5) nach x und t leicht überzeugt, ist die zu (5) gehörige Differentialgleichung

$$\frac{\partial^2 s}{\partial x^2} = - \frac{\omega^2}{u^2} s = + \frac{1}{u^2} \frac{\partial^2 s}{\partial t^2}$$

von der gleichen Form, wie jene der fortschreitenden Welle in I, 32 (7, 8, 9). Ihre Lösung wird *dann* vom Typus der stehenden Schwingung, d. i. (5) ergänzt durch zwei verfügbare Phasenkonstante,

$$s = A \sin\left(\frac{\omega}{u} x + \delta\right) \cdot \sin(\omega t + \gamma) \qquad (5')$$

sein, wenn man von ihr außer der Erfüllung der Differentialgleichung und der Anfangsbedingungen noch die Einhaltung von sog. „Randbedingungen" verlangt: Daß nämlich s an bestimmten

Stellen des „Grundgebietes" [jenes Gebiet, für welches der Zustand s als $f(x, t)$ gesucht wird] für *alle Zeiten* bestimmte Werte anzunehmen hat.

Wird z. B. im Falle der schwingenden Saite gefordert, daß an den Auflagestellen, denen etwa die Abszissen $x = 0$ und $x = l$ zugeordnet werden, s stets gleich 0 ist, dann ergibt sich für (5′): Damit $s = 0$ für $x = 0$, muß $\delta = 0$ sein. Damit $s = 0$ für $x = l$,

muß $\dfrac{\omega}{u}\, l = \dfrac{2\pi}{\lambda}\, l = n\pi$

sein; daher $\lambda = \dfrac{2\,l}{n}$ und

$\omega = n\, \dfrac{\pi\, u}{l}$. Dabei ist $n =$

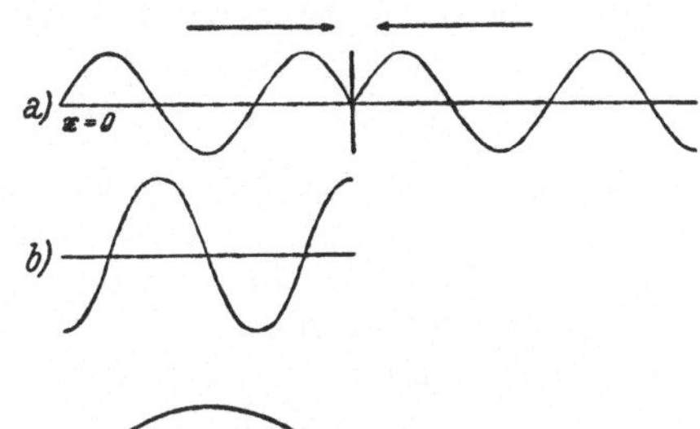
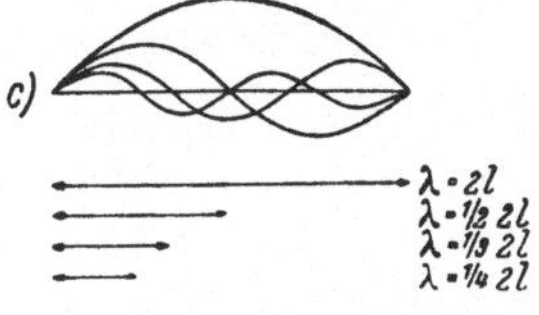

Abb. 26. Stehende Schwingungen.

1, 2, 3, 4 … Somit ergibt sich eine unendliche Anzahl von Lösungen, alle von der Form:

$$s_n = A_n \sin n\, \frac{\pi}{l}\, x \cdot \sin\left(n\, \frac{\pi\, u}{l}\, t + \gamma_n\right).$$

Die Saite kann also schwingen:

		Grundton	1. Oktave
$n =$		1	2
$\lambda = \dfrac{2}{n}$		$2\,l = \lambda_0$	$\dfrac{1}{2} \cdot 2\,l = \dfrac{\lambda_0}{2}$
$v = \dfrac{u}{\lambda} = n\, \dfrac{u}{2\,l} =$		$\dfrac{u}{2\,l} = v_0$	$2\, \dfrac{u}{2\,l} = 2\,v_0$

	Duodecim	2. Oktave	u. s. f.
$n =$	3	4	
$\lambda = \dfrac{2\,l}{n} =$	$\dfrac{1}{3}\, 2\,l = \dfrac{\lambda_0}{3}$	$\dfrac{1}{4} \cdot 2\,l = \dfrac{\lambda_0}{4}$	…
$v = \dfrac{u}{\lambda} = n\, \dfrac{u}{2\,l} =$	$3\, \dfrac{u}{2\,l} = 3\,v_0$	$4\, \dfrac{u}{2\,l} = 4\,v_0$	…

Ob das eine oder das andere der Fall ist, hängt von den Anfangsbedingungen ab. Entspricht aber $s = f(x)$ zur Zeit $t = 0$ nicht einer einfachen harmonischen Schwingungsform mit $\lambda_0, \dfrac{\lambda_0}{2}, \dfrac{\lambda_0}{3} \ldots$ als Wellenlänge, sondern einer unregelmäßigen Deformation, dann schwingt die Saite gleichzeitig mit vielen Partialtönen (Grundton und „Obertönen", die zusammen den „Klang" definieren) und ihr Zustand wird beschrieben durch:

$$s = \sum s_n = \sum A_n \sin n \frac{\pi}{l} x \sin \left(n \frac{\pi u}{l} t + \gamma_n \right).$$

Dabei sind die A_n und γ_n den Anfangsbedingungen, d. i. $s = f(x)$ und $ds/dt = \varphi(x)$ zur Zeit $t = 0$ anzupassen (vgl. dazu weiter unten den FOURIERschen Satz über die harmonische Analyse).

Charakteristisch für solche Randwertprobleme ist das Auftreten der ganzen Zahlen $n = 1, 2, 3 \ldots$ in den „Eigenwerten" (hier $n \frac{\pi}{l} x$) der „Eigenfunktionen" (hier $\sin n \frac{\pi}{l} x$). Da die Energie jeder Partialschwingung proportional $\omega^2 A^2$ ist, treten die ganzen Zahlen auch im Ausdruck für die Gesamtenergie auf. Diese Verhältnisse spielen eine ausschlaggebende Rolle in der „Wellenmechanik" und beherrschen die von ihr beschriebene Quantenphysik. Als zugehörige Erfahrungsgrundlagen seien die Serienformeln der Atomspektren und die im System der chemischen Elemente auftretenden periodischen Regelmäßigkeiten erwähnt.

Dem Begriff „Knotenpunkt", beschrieben durch *eine* Mannigfaltigkeit $n = 1, 2, 3 \ldots$ ganzer Zahlen, des eindimensionalen Problems der schwingenden Saite entsprechen „Knotenlinien", beschrieben durch zwei Mannigfaltigkeiten ganzer Zahlen $n = 1, 2, 3 \ldots$ und $k = 1, 2, 3 \ldots$, beim zweidimensionalen Randwertproblem der schwingenden Platte und „Knotenflächen" (drei Mannigfaltigkeiten: $n = 1, 2, 3 \ldots; k = 1, 2, 3 \ldots; l = 1, 2, 3 \ldots$) beim dreidimensionalen Problem des schwingenden begrenzten Raumes. In der Quantenphysik hat man bei jedem Problem so viele „Quantenzahlen" $n, k, l \ldots$ als Freiheitsgrade vorhanden sind (vgl. auch I, 37).

d) *Interferenz von gleichgerichteten Wellen mit verschiedenen, aber nahe benachbarten Frequenzen* (Schwebung). Zwei Wellen gleicher Amplitude

$$s_1 = A \sin \left(\omega_1 t - \frac{\omega_1}{u_1} x \right) \quad \text{und} \quad s_2 = A \sin \left(\omega_2 t - \frac{\omega_2}{u_2} x \right)$$

seien zu überlagern. Mit der Umformung $\sin \alpha + \sin \beta = 2 \cos \frac{(\alpha - \beta)}{2} \sin \frac{(\alpha + \beta)}{2}$ erhält man:

$$s = s_1 + s_2 = 2 A \cos \left[\frac{\omega_1 - \omega_2}{2} t - \frac{1}{2} \left(\frac{\omega_1}{u_1} - \frac{\omega_2}{u_2} \right) x \right] \cdot$$
$$\cdot \sin \left[\frac{\omega_1 + \omega_2}{2} t - \frac{1}{2} \left(\frac{\omega_1}{u_1} + \frac{\omega_2}{u_2} \right) x \right]. \tag{6}$$

Sind nun voraussetzungsgemäß die Unterschiede zwischen den ω und ω/n so gering, daß man setzen kann:

$$
\left.
\begin{aligned}
\omega_1 - \omega_2 &= d\omega = 2\pi\, d\left(\frac{1}{\tau}\right) = 2\pi\, d\left(\frac{u}{\lambda}\right); \\[2mm]
\frac{\omega_1}{u_1} - \frac{\omega_2}{u_2} &= d\left(\frac{\omega}{u}\right) = 2\pi\, d\left(\frac{1}{\lambda}\right); \\[2mm]
\frac{\omega_1 + \omega_2}{2} &= \omega; \quad \frac{1}{2}\left(\frac{\omega_1}{u_1} + \frac{\omega_2}{u_2}\right) = \frac{\omega}{u},
\end{aligned}
\right\} \tag{7}
$$

so ergibt sich für (6)

$$
s = 2\,A \cos\left[\frac{1}{2}\,d\omega \cdot t - \frac{1}{2}\,d\left(\frac{\omega}{u}\right) \cdot x\right] \cdot \sin\left[\omega\, t - \frac{\omega}{u}\,x\right]. \tag{8}
$$

Das Argument des cos variiert nur *sehr* langsam mit t und x im Vergleich zu der schnellen Variation des sin. Man erhält also eine Welle $s = A' \sin\left(\omega\, t - \frac{\omega}{u}\,x\right)$, deren Frequenz und Phasengeschwindigkeit nahezu die gleichen sind wie die der Teilwellen s_1 und s_2, deren Amplitude A' jedoch *langsam* mit Ort und Zeit veränderlich ist. So wie sich bei der gedämpften Schwingung von Abb. 19 a in I, 29 die Amplituden der Oszillation innerhalb eines durch die abklingende e-Potenz abgegrenzten Bereiches halten müssen, so spielt sich hier der kurzwellige, durch $\sin\left(\omega\, t - \frac{\omega}{u}\,x\right)$ bestimmte Schwingungsvorgang innerhalb eines durch die Kurve für A' begrenzten Amplitudenbereiches ab. Es ergibt sich also ein Zustandsverlauf, der für einen bestimmten Moment (festgehaltenes t) durch die schematisierte Abb. 27 dargestellt wird. Die gestrichelte Kurve entspricht A' als $f\,(x)$, die voll ausgezogene s als $f\,(x)$. Das ganze Bild verschiebt sich mit zunehmender Zeit im wesentlichen unverändert nach rechts. Die den Empfänger erreichende Welle zeigt periodischen Intensitätswechsel („Schwebung"). Dabei ist jedoch zu beachten: Der Zustand s hat nach I, 32 (4) die Phasengeschwindigkeit $u = \frac{\alpha}{\beta} = \frac{\omega}{\omega/u}$. Die gestrichelte Amplitudenkurve (oder ihr Maximum als ihr hervorstechendstes Merkmal) der „Wellengruppe" hat (vgl. I, 32, 5) die „Gruppengeschwindigkeit" $g = \dfrac{d\omega}{d\left(\frac{\omega}{u}\right)} = \dfrac{d\alpha}{d\beta}$. Mit Rücksicht auf

$$
\omega = \frac{2\pi}{\tau} = 2\pi\,\frac{u}{\lambda}; \quad \frac{\omega}{u} = \frac{2\pi}{\lambda} \quad \text{wird:}
$$

$$
g = \frac{d\omega}{d\left(\dfrac{\omega}{u}\right)} = \frac{d\left(\dfrac{u}{\lambda}\right)}{d\left(\dfrac{1}{\lambda}\right)} = \frac{-\dfrac{u}{\lambda^2}\,d\lambda + \dfrac{1}{\lambda}\,du}{-\dfrac{1}{\lambda^2}\,d\lambda} = u - \lambda\,\frac{du}{d\lambda}. \tag{9}
$$

Nur wenn die interferierenden Wellen s_1 und s_2 zugleich mit verschiedenen Wellenlängen λ_1 und λ_2 auch *verschiedene* Phasengeschwindigkeiten u_1 und u_2 aufweisen, ist $g \neq u$; mit anderen Worten, es muß „Dispersion vorhanden" und $\dfrac{du}{d\lambda} \neq 0$ sein. Elastische Wellen in festen Körpern und Flüssigkeiten oder Druckwellen

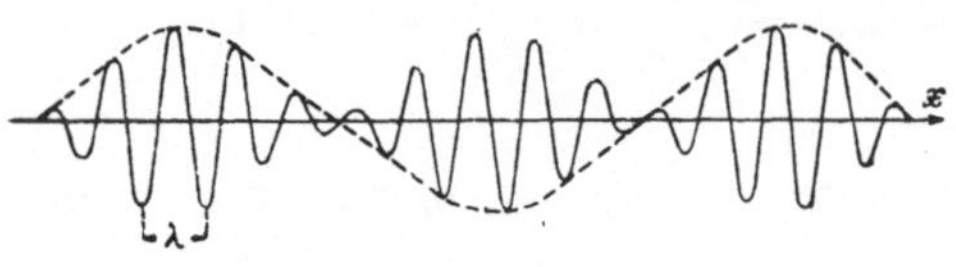

Abb. 27. „Schwebende" Welle.

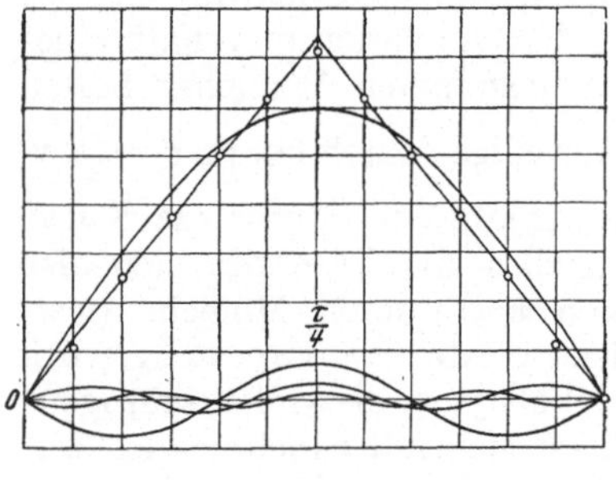

in Gasen zeigen keine Dispersion; wohl aber Biegungswellen von Stäben und elektromagnetische Wellen, sowie Oberflächenwellen auf Flüssigkeiten. — Da man speziell auf optischem Gebiet die Beobachtungen meist an einer Überlagerung von Wellen ausführen muß, deren Frequenzen einen schmalen Frequenzbereich $d\omega$ stetig ausfüllen (vgl. z. B. die Wirkung des DOPPLER-Effektes, I, 35 c), so mißt man praktisch stets die Gruppengeschwindigkeit. Diese ist im Vakuum (oder sehr nahe auch in Luft) mit der Phasengeschwindigkeit identisch, da in diesen Fällen keine Dispersion vorhanden ist.

Abb. 28. FOURIER-Darstellung einer Dachkurve.

d) *Der Satz von* FOURIER. Nach dem FOURIERschen Theorem läßt sich jede beliebige periodische Funktion $f(x)$ als Reihe darstellen mit Gliedern, die nach dem cos und sin der Vielfachen eines Winkels $\alpha = \dfrac{2\pi\,\xi}{\lambda}$ fortschreiten:

$$s = f(x) = A_0 + A_1 \cos \alpha + A_2 \cos 2\alpha + A_3 \cos 3\alpha + \dots$$
$$+ B_1 \sin \alpha + B_2 \sin 2\alpha + B_3 \sin 3\alpha + \dots$$

Wenn sich eine solche Ortsfunktion $f(x)$ mit einer für alle Glieder der Reihe gleichen Geschwindigkeit $u = \lambda/\tau$ in der $+ x$-Richtung verschiebt, so erhält man die Abhängigkeit von Raum *und* Zeit, wenn man ξ ersetzt durch $ut - x$. Jede nicht sinusförmige Welle läßt sich auf diese Art durch Überlagerung von sinusförmigen Wellen mit geeigneten Amplituden und mit den Frequenzen ω, 2ω, 3ω, $4\omega \dots$ (Grundton, Oktave, Duodecim, zweite Oktave usw.) darstellen bzw. aus ihnen zusammensetzen.

Haben alle Teilwellen gleiches u, dann bleibt die Gesamtform beim Fortschreiten erhalten. Haben sie aber verschiedenes u, also im Falle von Dispersion, dann ändert sich diese Form. Dieser mathematischen Zerlegung oder Zusammensetzung nicht sinusförmiger Wellen entspricht vollkommen die Zerlegung, die experimentell durch geeignete sinusförmig schwingende Resonatoren oder in der Optik durch Gitter oder Prisma durchgeführt wird. In Abb. 28 ist die FOURIER-Darstellung einer dachförmigen Kurve durch harmonische Wellen als Beispiel gegeben; ihre Überlagerung führt zu den durch Ringe angegebenen Punkten, die sich der Dachkurve schon weitgehend anschmiegen. („Harmonische Analyse".)

35. Prinzipien der Wellenlehre.

Der Verlauf der wellenförmigen Zustandsänderung im homogenen und isotropen Medium wird durch die Ausführungen in I, 32 über die Eigenschaften der mathematischen Welle beschrieben. Stellen sich aber der Ausbreitung Hindernisse etwa in Gestalt von Schirmen, Blenden, brechenden oder reflektierenden Grenzflächen entgegen, dann bedarf es neuer Leitsätze für die Behandlung der nun *gestörten* Wellenausbreitung. Als solche dienen u. a. die „Prinzipien" von HUYGENS, FRESNEL, FERMAT.

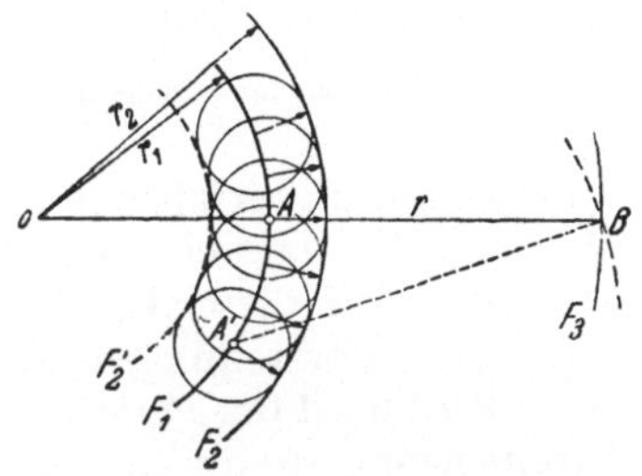

Abb. 29. Die HUYGENSschen Elementarwellen und ihre Umhüllende.

a) *Das Prinzip von* HUYGENS (1676). Zwischen den am Ort der primären Zustandsstörung, also den im Wellenzentrum O entstandenen Zustandsänderungen und jenen, die an irgend einer Stelle des Wellenfeldes sekundär durch die sich ausbreitende Welle hervorgerufen werden, besteht kein grundsätzlicher Unterschied. Wenn daher O als Wellenzentrum der Primärwelle angesehen wird, so ist mit gleichem Recht auch jede andere Stelle des Wellenfeldes als Zentrum von sich *allseitig* ausbreitenden Sekundär- („Elementar-") Wellen anzusehen. Dies ist der Inhalt des HUYGENSschen Prinzips. Auf das Licht angewendet, beinhaltet es die zu jener Zeit umstrittene Annahme einer *endlichen* Ausbreitungsgeschwindigkeit und das Vorhandensein eines Wellenmediums, dem HUYGENS den Namen „Äther" gab. Um nutzbringend verwendet werden zu können, bedarf das Prinzip quali-

tativer und quantitativer Ergänzungen, die teils von HUYGENS
selbst, teils von FRESNEL und anderen gegeben wurden.

Es sei in Abb. 29 eine vom Störungszentrum O ausgehende
Kugelwelle nach der Zeit t_1 bzw. t_2 bis zu den Kugelflächen F_1
bzw. F_2 mit den Radien $r_1 = u\,t_1$ bzw. $r_2 = u\,t_2$ vorgedrungen.
Auf diesen Flächen befinden sich jeweils alle Zustände in gleicher
Phase. Die Zustandsänderungen z. B. der Fläche F_1 sind nach
HUYGENS als Zentren neuer Wellen anzusehen, die in der Zeit
$t_2 - t_1$ die Strecke $u\,(t_2 - t_1)$ durchlaufen und somit in der Richtung der Wellennorma-
len r zur Zeit t_2 gerade
die Fläche F_2 erreichen.
HUYGENS erkennt und
spricht es als Axiom
aus: Die „Wellenfläche"
ist die *äußere* Umhül-
lende der Elementar-
wellen. Warum die
Lichtwirkung an ande-
ren Stellen verschwindet
und warum die an sich
gleich berechtigte innere

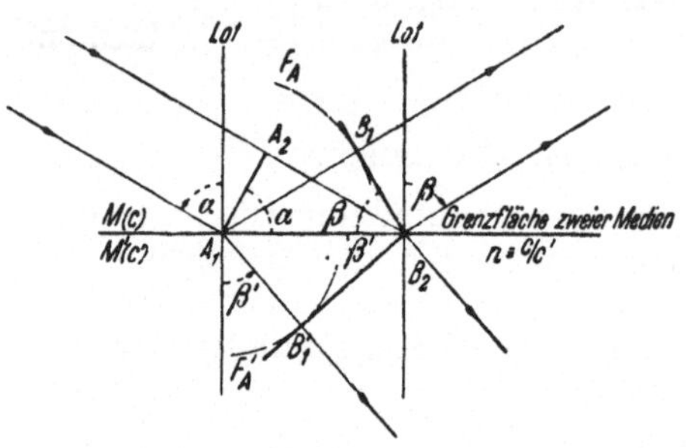

Abb. 30. Brechung und Reflexion nach HUYGENS.

Umhüllende F_2' erfahrungsgemäß keine der Zeit t_2 zuzuordnende
Wellenfläche darstellt, wird nicht erklärt. Immerhin gelingt es
HUYGENS auf dieser Grundlage und mit im übrigen ganz unzu-
länglichen Vorstellungen über den Mechanismus der Lichtwelle
(u. a. fehlt noch der Periodizitätsbegriff) die für den geometrischen
Strahlengang so ausschlaggebenden Gesetze der Reflexion und
Brechung richtig zu formulieren:

Die ebene Welle breitet sich in Abb. 30 von links oben kommend
im Medium M zunächst ungestört bis zur Wellenfläche $A_1\,A_2$ aus.
In A_1 und B_2 treffen zwei herausgegriffene Wellennormale auf
die die Medien M und M' trennende Ebene. Während sich die
von A_2 ausgehende Elementarwelle noch ungehindert bis B_2 bewegt, geht die von A_1 stammende teils mit der ursprünglichen
Geschwindigkeit c im Medium M, teils mit der geänderten Geschwindigkeit c' im Medium M' weiter. Die an die erstere (F_A)
und letztere Elementarwelle (F_A') von B_2 aus gelegte Tangente
muß die Umhüllende darstellen für alle anderen gleichartig er-
mittelten Elementarwellen, die von den zwischen A_1 und B_2 gelegenen Punkten in der zeitlichen Reihenfolge ihrer Anregung
ausgesendet werden. Für die Umhüllende im Medium M folgt
aus der Kongruenz der Dreiecke $A_1\,A_2\,B_2$ und $A_1\,B_1\,B_2$, daß für

die in der Zeichenebene liegenden Wellennormalen $\alpha = \beta$ ist (*Reflexionsgesetz*). Für die im Medium M' gelegene Normale zur umhüllenden Wellenfläche folgt aus $\overline{A_2 B_2} = c\,t$ und $\overline{A_1 B_1'} = c'\,t$ das Brechungsgesetz $\dfrac{\sin \alpha}{\sin \beta'} = \dfrac{c}{c'} \equiv n_{1,2}$, worin $n_{1,2}$ eine Materialkonstante ist und als „relativer Brechungsquotient" von M gegen M' bezeichnet wird; das Verhältnis $c_0/c \equiv n$ bzw. $c_0/c' \equiv n'$ (c_0 = L. G. im Vakuum) heißt „absoluter Brechungsquotient" von M bzw. M'.

b) *Die* FRESNEL*schen Zonen.* FRESNEL war es, der das HUYGENSsche Wellenbild durch die Einführung des Interferenzbegriffes wesentlich vervollständigte und für quantitative Folgerungen verwertbar machte. Durch ihn fand die ausschlaggebende Rolle, die das Größenverhältnis von Wellenlänge und Wellenhindernis bei allen Ausbreitungserscheinungen spielt, seine Aufklärung. Das ist also, um ein Beispiel der Alltagser

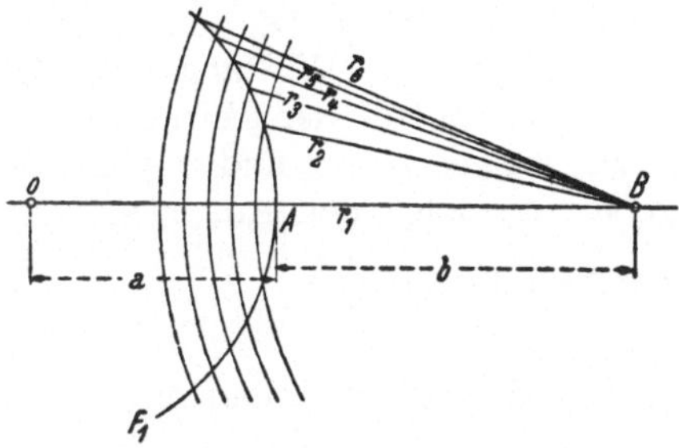

Abb. 31. FRESNELsche Zonen.

fahrung zu bringen, die Beantwortung der Frage, warum etwa ein Stäbchen zwar einen Lichtschatten, aber keinen Schallschatten wirft. Oder die Beantwortung der Frage, ob und inwieweit in Abb. 29 die von irgendwelchen nicht auf der kürzesten Verbindungslinie $\overline{OAB}$ gelegenen Punkten des Wellenfeldes ausgehenden Elementarwellen, etwa jene in der Richtung $\overline{A'B}$, an der Zustandsänderung im Punkt B beteiligt sind.

Zur Lösung dieser Aufgabe wird von FRESNEL ein zwar anschaulicher und praktisch nützlicher, aber keineswegs einwandfreier Weg — die strenge, jedoch äußerst schwierige und unhandliche Lösung wurde von KIRCHHOFF gegeben — eingeschlagen. Die Wellenfläche F_1 der Abb. 31, die nach HUYGENS gleichzeitig Einhüllende der ankommenden und geometrischer Ort der Ausgangspunkte neuer Elementarwellen ist, wird in folgender Art in „Zonen" geteilt: Von B aus werden Kugelflächen mit Radien geschlagen, die sich, beginnend mit $r_1 = \overline{BA}$, um je eine halbe Wellenlänge vergrößern. Dann läßt sich elementar zeigen, daß die von diesen Kugelflächen auf der Wellenfläche F_1 abgegrenzten Zonen — wäre F_1 eben, dann wäre es ein zentraler Vollkreis,

umgeben von Kreisringen abnehmender Breite — bis auf kleine
Größen von der Ordnung $\lambda^2/4$ flächengleich sind; der Flächeninhalt ist $\pi\,\lambda\,\dfrac{a\,b}{a+b}$. Faßt man die Wirkung der von ein und
derselben Zone ausgehenden Elementarwellen zusammen und bezeichnet die ihnen zuzuschreibende resultierende Amplitude in B
mit m, so sind diese Amplituden wegen $r_n - r_{n-1} = \lambda/2$ für je
zwei benachbarte Zonen um $\lambda/2$ gegeneinander in der Phase verschoben. Wegen dieser Gangdifferenz ist bei der in B zwecks
Ermittlung des Gesamteffekts vorzunehmenden Summierung über
alle m jedes zweite m mit anderem Vorzeichen einzusetzen. Weiter
kann man zeigen, daß (man denke an die Änderung von Neigung
und Abstand der r_n bei zunehmendem n) näherungsweise die Beziehung gilt: Die Wirkung jeder Zone m_n ist gleich dem arith-
metischen Mittel der Wirkungen ihrer Nachbarzonen mit den
Bezifferungen $n - 1$ und $n + 1$. Dann hat man also zusammengefaßt die folgenden Aussagen:

Fläche aller Zonen:
$$\pi\,\lambda\,\frac{a\,b}{a+b};$$

Radius der ersten (innersten) Zone:
$$\varrho_1 = \sqrt{\lambda\,\frac{a\,b}{a+b}}; \qquad (1)$$

resultierende Amplitude *einer* Zone in B: $m_n = \dfrac{m_{n-1} + m_{n+1}}{2}$

resultierende Amplitude *aller* Zonen in B:
$$S = m_1 - m_2 + m_3 - m_4 + \ldots \pm m_n. \qquad (2)$$

Dies ist nun, wie sich bei näherem Zusehen ergibt, ein sehr auf-
schlußreiches Ergebnis.

α) Ungestörte Ausbreitung: Die Ausführung der Summierung
(2) ergibt $S = \dfrac{m_1}{2} \pm \dfrac{m_n}{2}$, je nachdem, ob die (große) Zahl n der
Zonen ungerade oder gerade ist. Somit verschwindet die Wirkung
aller zwischen der halben innersten und äußersten gelegenen
Zonen infolge Interferenz. Zudem kann die Wirkung der tangentiell strahlenden äußersten Zone vernachlässigt werden. Von
allen die Wellenfläche F_1 verlassenden Elementarwellen sind somit nur die der inneren Hälfte der Zentralzone an der in B auftretenden Zustandsänderung beteiligt. Der zugehörige Radius
ist ϱ_1 (1); sein Wert hängt von der Wahl der durch a und b bestimmten Lage der Wellenfläche auf der Strecke $\overline{OB}$ ab. Wie
leicht ersichtlich, ist ϱ_1 ein Maximum für $a = b$. Angenommen,
es sei $a = b = 10\,\text{m}$, dann ist für Lichtwellen ($\lambda \sim 6 \cdot 10^{-5}\,\text{cm}$)
$\varrho_1 \sim 0{,}2\,\text{cm}$, für Schallwellen ($\lambda \sim 100\,\text{cm}$) $\varrho_1 \sim 300\,\text{cm}$, für

elektrische Wellen (z. B. $\lambda \sim 500$ cm) $\varrho_1 \sim 500$ cm. Beim Licht ist es also im wesentlichen der Licht-„Strahl", d. i. ein Lichtbündel mit kleinem aber endlichem, von den Versuchsbedingungen abhängigem Querschnitt, der Energie von O nach B bringt, und zwar auf dem geradesten Weg $\overline{OAB}$. Bei Schall und elektrischen Wellen hat dagegen das energieliefernde Büschel von B aus gesehen einen so großen Öffnungswinkel, daß von „Strahlbildung" nicht mehr gesprochen werden kann. — Nur wenn die Wellenlänge klein ist gegen die Dimensionen der Hindernisse, kann, so wie in der geometrischen Optik, mit dem Strahlbegriff gearbeitet werden.

β) Wird das Zusammenwirken der Zonen durch Einschieben von undurchdringlichen Körpern, seien es Scheiben oder Lochblenden, gestört, dann treten Beugungserscheinungen auf. Werden an der Stelle A durch eine zentrierte Blende n innere Zonen unbedeckt gelassen, dann ist deren Wirkung in B gering, wenn n gerade, stark, wenn n ungerade ist $\Big($man ersetze z. B. die Wirkung der zweiten und vierten Zone durch $\dfrac{m_1 + m_3}{2}$ und $\dfrac{m_3 + m_5}{2}$, dann erhält man für $n = 4$, $S = \dfrac{m_1}{2} - \dfrac{m_5}{2}$; für $n = 5$, $S = \dfrac{m_1}{2} + \dfrac{m_5}{2}\Big)$. Wird die Lochblende durch eine Scheibe ersetzt, dann liefern die äußeren Zonen, ob nun n gerade ist oder ungerade, stets Licht nach B.

γ) Wird an die Stelle A eine sog. Zonenplatte gebracht, die abwechselnd lichtdurchlässige und undurchlässige Kreisringe von solcher Dimensionierung aufweist, daß etwa alle geraden Zonen abgeschirmt und alle ungeraden frei gelassen werden, dann erhält man in der Summe (2) nur positive Glieder, also gegenseitige Verstärkung. Durch die Erfassung der außeraxialen Strahlenbündel wirkt die Zonenplatte ähnlich wie eine Sammellinse; dabei gilt für den Ding- (a) und Bild- (b) Abstand nach (1) die Beziehung $\dfrac{1}{a} + \dfrac{1}{b} = \dfrac{\lambda}{\varrho_1^2}$. Verglichen mit der bekannten Linsengleichung spielt dabei die Größe $f = \dfrac{\varrho_1^2}{\lambda}$ die Rolle der Brennweite.

δ) Die für den Radius ϱ_1 gültige Beziehung ändert sich bei Variation von b. Gleichzeitig wird die Zoneneinteilung anders und damit auch die Wirkung einer in A angebrachten abdeckenden oder durchlässigen Blende. Dann bilden sich längs der Achse abwechselnd Stellen größerer und kleinerer Helligkeit aus. Ähnlich ist es, wenn man die Wirkung auf außeraxiale Punkte B' betrachtet. Es ergibt sich, daß der Axialpunkt B von helleren und dunkleren einander ablösenden Ringen, den Beugungsringen, umgeben ist. Ist das Licht nicht einfarbig, dann macht sich überdies in (1) die Variation von λ bemerkbar und führt zu verwickelten Farberscheinungen.

c) *Das Prinzip von* FERMAT liefert den Übergang zur geometrischen Optik, in der von der Wellennatur des Lichtes ganz abgesehen und nur mit dem Strahlbegriff operiert wird. Dabei sind die Grenzen, innerhalb derer dies gestattet ist, durch die vorstehenden Überlegungen gegeben: Die Dimensionierung der dem Licht in den Weg gestellten Hindernisse muß groß sein gegen

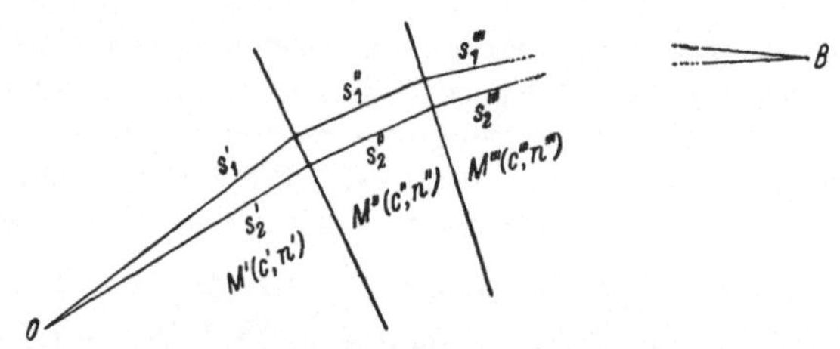

Abb. 32. Zum FERMATschen Prinzip.

die verwendete Wellenlänge; der „Lichtstrahl" selbst hat stets zwar kleinen, aber endlichen Querschnitt, besteht also aus einem Lichtbüschel. Damit ein solches Büschel Energie von der Quelle O einem Aufpunkt B zuführen kann, müssen die Verhältnisse so liegen, daß die in B eintreffenden Wellen sich nicht gegenseitig durch Interferenz auslöschen. Die Formulierung dieser Bedingung ist das Prinzip von FERMAT.

Es seien in Abb. 32 s_1 und s_2 zwei der vielen zu einem Büschel gehörigen und auf das engste benachbarten Wege, auf denen Energie von O unter Durchlaufen verschiedener Medien M', M'', M'''... nach B getragen werden soll. Damit die Wellen in B gleichphasig ankommen, müssen auf den zusammengesetzten Wegen $s_1' + s_1'' + s_1''' + \ldots$ bzw. $s_2' + s_2'' + s_2''' + \ldots$ gleich viel Wellenlängen Platz haben. Wird deren Zahl mit z bezeichnet, so muß somit für alle Wege des Büschels gelten:

$$z_1' + z_1'' + z_1''' + \ldots = z_2' + z_2'' + z_2''' + \ldots =$$
$$= z_3' + z_3'' + z_3''' + \ldots = \ldots = \text{konstant.} \quad (1)$$

Wegen der Beziehungen

$$z = \frac{s}{\lambda}; \quad \lambda = \frac{c}{v_0} = \frac{c_0}{v_0} \cdot \frac{c}{c_0} = \frac{1}{n} \cdot \frac{c_0}{v_0}; \quad \text{somit } z = n\, s\, \frac{v_0}{c_0}, \quad (2)$$

worin unter $n = \dfrac{c_0}{c}$ der „absolute" Brechungsquotient Vakuum gegen Medium verstanden sei, und wegen $\dfrac{c_0}{v_0}$ (Verhältnis von Lichtgeschwindigkeit und Frequenz im Vakuum) = konstant, folgt:

$$n' s_1' + n'' s_1'' + n''' s_1''' + \ldots = n' s_2' + n'' s_2'' + n''' s_2''' +$$
$$+ \ldots = n' s_3' + n'' s_3'' + n''' s_2''' + \ldots = \ldots = \text{konstant} \quad (3)$$

oder: $\Sigma\, n\, s = $ konst. für endliche, bzw. $\int n\, ds = $ konst. für unendlich kleine Wegstücke. Für jeden zum Büschel gehörigen Weg muß $\Sigma\, n\, s$ bzw. $\int n\, ds$ denselben Wert haben, andernfalls wird er nicht zum Büschel dazugerechnet. Anders ausgedrückt heißt dies: Geht man innerhalb des Büschels von einem zum nächsten Nachbarweg über (Variation δ des Weges), dann muß die Summe bzw. das Integral über die „optischen Weglängen" — so nennt man $n \cdot ds$ — konstant bleiben. Also:

$$\delta\, \Sigma\, n\, s = 0 \text{ bzw. } \delta \int n\, ds = 0;$$

oder wegen

$$n = \frac{c_0}{c} \text{ und } \frac{ds}{c} = dt: \qquad \delta \int \frac{ds}{c} = \delta \int dt = 0. \quad (4)$$

Das Prinzip in Worten lautet also: Unter allen von der Lichtquelle zum Aufpunkt möglichen Wegen kommen nur jene als Lichtstrahl in Betracht, für die die Summe der optischen Weglängen im Büschelquerschnitt konstant, das Differential dieser Summe, gebildet nach irgendeinem passend gewählten Parameter, gleich Null ist. Oder: Unter allen möglichen Wegen ist jener der energieübermittelnde Lichtstrahl, zu dem das Licht ein Minimum (manchmal auch Maximum) an Zeit benötigt. (Man vergleiche die formale Analogie zum Prinzip von MAUPERTUIS in I, 17, 3.) Wie in der geometrischen Optik gezeigt wird, führt (4) unmittelbar zum Brechungs- und Reflexionsgesetz.

E. Die Mikromechanik.

36. Das duale Verhalten von Strahlung und Materie.

Die Gesetze der klassischen Mechanik entstanden aus der Beschreibung jener Erfahrungen, die man durch makroskopische Beobachtungen an verhältnismäßig großen, meist aus einer enormen Vielheit von Einzelteilchen bestehenden Massen mit im Verhältnis zur Lichtgeschwindigkeit kleinen Geschwindigkeiten gesammelt hatte. Wird dieser Geschwindigkeitsbereich über-

schritten, dann genügt diese Beschreibung nicht mehr; es muß
jene Vertiefung der Grundbegriffe erfolgen, die in der speziellen
Relativitätstheorie formuliert werden. Die diesbezüglichen Haupt-
ergebnisse von I, 5, 6 waren:

Die Lorentz-Transformation:

$$x' = \frac{\mathrm{I}}{\beta}\,(x - v\,t);\ t' = \frac{\mathrm{I}}{\beta}\left(t - \frac{v\,x}{c^2}\right) \text{ mit } \beta = \sqrt{\mathrm{I} - v^2/c^2}. \qquad (\mathrm{I})$$

Dabei wurde im vorliegenden Zusammenhang, in dem u eine
Phasengeschwindigkeit bedeutet, für die in die x-Richtung ge-
legte Relativgeschwindigkeit des Systems S gegen das mitbewegte
System S' der Buchstabe v verwendet.

Die bewegte Masse m unterscheidet sich von der Ruhmasse m_0
durch

$$m = \frac{m_0}{\beta}. \qquad (2)$$

Der Impuls ist infolgedessen

$$G = m\,v = \frac{m_0\,v}{\beta}. \qquad (3)$$

Der Energieinhalt der Masse ist

$$E = \frac{m_0\,c^2}{\beta} = m_0\,c^2 + \frac{m_0\,v^2}{2} + \cdots \qquad (4)$$

Durch (2, 3, 4) wird den mechanischen Grundbegriffen ein
völlig neuartiges Gepräge gegeben, denn sie werden in Beziehung
gesetzt mit einer der klassischen Mechanik ganz wesensfremden
Naturkonstante, nämlich mit der Lichtgeschwindigkeit c. Schon
hiedurch wird eine innige und offenbar begriffliche Verknüpfung
zwischen Strahlung und Materie geschaffen. Alle Abänderungen
sind aber so beschaffen, daß, wie es auch sein muß, für $v^2 \ll c^2$
die klassische Formulierung erhalten wird, die sich somit als
Grenzfall allgemeinerer Gesetze herausstellt. Auch etwaige
andere Abänderungen müssen die Eigenschaft aufweisen, daß sie,
angewendet auf die Beobachtungsbedingungen der klassischen
Physik, auf die bewährte klassische Beschreibung zurückführen.
Diese allgemeine Forderung wird im speziellen Fall der Quantenphysik als „Korrespondenzprinzip" bezeichnet und hat sich von
großem heuristischem Wert erwiesen.

Noch tiefer greifend und sonderbarer ist die Erweiterung der
Mechanik, die durchgeführt werden muß, wenn man den ursprünglichen Gültigkeitsbereich in anderer Hinsicht überschreitet und
übergeht zur Beschreibung der mikroskopischen Erfahrung, die
man durch Beobachtung am einzelnen Elementarteilchen, also
sozusagen am Massenpunkt selbst erwirbt. Da hiebei die schon

angebahnte begriffliche Verknüpfung zwischen Strahlung und Materie immer enger wird, sollen die Abweichungen, die sich experimentell gegenüber den Erfahrungsgrundlagen der klassischen Optik und Mechanik herausstellten, gemeinsam aufgezeigt werden. Aus der Fülle der Erscheinungen können jedoch nur einige wenige gebracht werden; sie sind so auszuwählen, daß sie das Wesentliche an der Sache überblicken lassen.

a) *Der lichtelektrische Effekt als Beispiel einer elementaren Absorption des Lichtes.* In Abb. 33 oben fällt einfarbiges Licht der Frequenz ν durch einen seitlichen Ansatz auf ein blankes Metall M im Innern eines evakuierten Gefäßes. Das Licht löst Elektronen aus, die die Metalloberfläche verlassen und durch einen Spalt Sp in den Untersuchungsraum U gelangen, wo ihre sekundliche Zahl N und ihre Geschwindigkeit v bestimmt werden kann. Je nach der Tiefe, in der die Elektronen ausgelöst wurden, wird ihr v verschieden sein; im folgenden ist nur von den höchst-

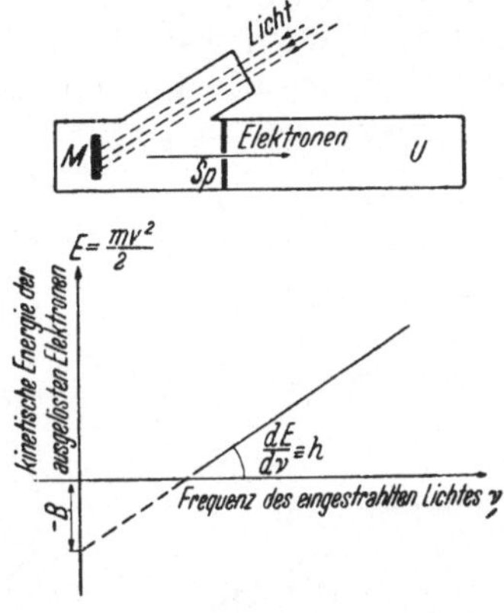

Abb. 33. Zum lichtelektrischen Effekt.

geschwinden die Rede, die aus der äußersten Grenzschicht $M \leftrightarrow$ Vakuum stammen. An Versuchsbedingungen kann variiert werden: α) Die Frequenz ν (Farbe) und β) die Intensität des Lichtes, letzteres z. B. durch Änderung der Entfernung r zur Lichtquelle; γ) das Material des Metalles. — Die zugehörigen Werte von N und v bzw. $mv^2/2$ werden gemessen.

Das Versuchsergebnis ist:

α) N ist von der Frequenz des Lichtes unabhängig, dagegen wächst $mv^2/2$ linear mit ν, so daß entsprechend Abb. 33 gilt:

$$\frac{mv^2}{2} = -B + h\nu \text{ oder } h\nu = B + \frac{mv^2}{2}. \tag{5}$$

β) Von der durch $1/r^2$ gemessenen Intensität des Lichtes ist $mv^2/2$ unabhängig, dagegen gilt

$$N \sim 1/r^2. \tag{6}$$

γ) Wird das Metall variiert, dann ändert sich in (5) nur B; die Neigung der Geraden bleibt jedoch unverändert, so daß h universell ist. h hat die Dimension Energie mal Zeit, d. i. also eine Wirkung (I, 17 b). Der Zahlenwert ist $h = 6{,}63 \cdot 10^{-27}$ erg sec;

dieses sog. „PLANCKsche Wirkungsquantum" ist eine die ganze Mikrophysik beherrschende Naturkonstante.

Werden in der Zeiteinheit N Teilchen je cm² mit der maximalen Energie $m\,v^2/2$ registriert, so ist die Energiebilanz:

$$N \cdot h\,v = N\left(B + \frac{m\,v^2}{2}\right). \tag{7}$$

Darin bedeutet $N \cdot h\,v$ die vom Licht gelieferte Energie, während auf der rechten Seite die Verwendung dieser Energie zur Leistung von Austrittsarbeit B und Erteilung von kinetischer Energie an die Elektronen angegeben ist. Anderseits ist die je Zeit- und Flächeneinheit eingestrahlte Energie nichts anderes als die Intensität des Lichtstromes (I, 32 d). Dieser hat nun nach (7) eine mit einer wellenartigen Energieausbreitung völlig unverträgliche Struktur: Er besteht aus einer von $1/r^2$ abhängigen *Zahl* von „Quanten $h\,v$", deren Energie nur von v, nicht aber von r abhängt. Das sind aber die charakteristischen Eigenschaften eines *Teilchenstromes* und nicht die einer Welle, bei deren Ausbreitung gerade umgekehrt die Zahl der ankommenden Wellenzüge von r unabhängig ist, während die übertragene Energie mit $1/r^2$ bzw. mit A^2 abnimmt. — Diese „Lichtteilchen" werden Photonen genannt; durch das Auftreten der Frequenz v in der Energie $h\,v$ tragen sie noch Merkmale der Welle.

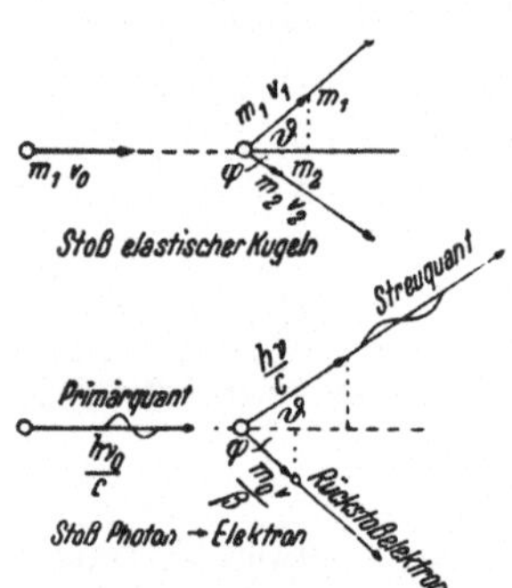

Abb. 34. Elastischer Stoß zwischen zwei Kugeln (oben) und Photon-Elektron (unten).

In bezug auf die Intensität J muß gelten: Bezeichnet $\overline{N}$ die mittlere Photonendichte (Photonenzahl je ccm), dann ist $J = = N \cdot h\,v = c\,\overline{N} \cdot h\,v$ beim Teilchenstrom, während $J = c\,E' \sim A^2$ (I, 32 d) für die Welle gilt. Die von $1/r^2$ abhängigen Faktoren müssen einander entsprechen; daher

$$\overline{N} \sim A^2, \tag{7 a}$$

d. h. die mittlere Teilchendichte des Photonenstromes vertritt das Amplitudenquadrat des Wellenstromes.

b) *Der* COMPTON-*Effekt als Beispiel der elementaren Streuung des Lichtes.* Es läßt sich experimentell nachweisen, daß bei der Wechselwirkung zwischen Licht und *freien* Elektronen der Vorgang quantitativ so verläuft, wie wenn es sich um den elastischen

Stoß von Photonen mit Elektronen handelte, wobei dem Photon die folgenden Teilcheneigenschaften zugeschrieben werden müssen:

$$
\begin{aligned}
\text{Geschwindigkeit} \quad & c, \\
\text{Energie} \quad & E = h\,v, \\
\text{Impuls} \quad & G = dE/dc = d\,(h\,v)/dc = d\,(h\,c/\lambda)/dc = \frac{h}{\lambda} = \frac{h\,v}{c}, \\
\text{Masse} \quad & m = G/c = \frac{h\,v}{c^2}.
\end{aligned}
\qquad \text{I, 11 (13)} \qquad (8)
$$

Aus den Erhaltungssätzen für Energie und Impuls, letzteres sowohl in der x- als y-Richtung, für die Systeme $m_1 + m_2$ bzw. Photon $+$ Elektron ergeben sich für die beiden Fälle der Abb. 34 die folgenden Beziehungen:

Stoßprozeß

$$\text{Energiesatz} \quad \frac{1}{2}\,m_1\,v_0{}^2 = \frac{1}{2}\,m_1\,v_1{}^2 + \frac{1}{2}\,m_2\,v_2{}^2 \qquad (9)$$

$$
\text{Impulssatz}
\begin{cases}
x: & m_1\,v_0 = m_1\,v_1\cos\vartheta + m_2\,v_2\cos\varphi \\
y: & 0 = m_1\,v_1\sin\vartheta - m_2\,v_2\sin\varphi
\end{cases}
\qquad
\begin{matrix} (10) \\ (11) \end{matrix}
$$

COMPTON-Prozeß

$$\text{Energiesatz} \quad h\,v_0 = hv + \frac{1}{2}\,m_0\,v^2; \qquad (9)$$

$$
\text{Impulssatz}
\begin{cases}
\dfrac{h\,v_0}{c} = \dfrac{h\,v}{c}\cos\vartheta + m\,v\cos\varphi \\[2mm]
0 = \dfrac{h\,v}{c}\sin\vartheta - m\,v\sin\varphi
\end{cases}
\; m = \frac{m_0}{\beta}.
\qquad
\begin{matrix} (10) \\[4mm] (11) \end{matrix}
$$

Beim COMPTONprozeß ist der Energiezuwachs des Elektrons nach (4): $\dfrac{m_0\,v^2}{2} = m_0\,c^2\left(\dfrac{1}{\beta} - 1\right)$ und der Impuls nach (3): $G = \dfrac{m_0\,v}{\beta}$. Nach (9) muß die Frequenz des Streuquants erniedrigt sein $(v < v_0)$; in Wellenlängen ausgedrückt ergibt sich hiefür:
$$\Delta\lambda \equiv \lambda - \lambda_0 = \frac{2\,h}{m_0\,c}\sin^2\frac{\vartheta}{2} = 24{,}2 \cdot 10^{-11}\,(1 - \cos\vartheta)\ \text{cm}.$$
Man muß also mit sehr kurzen Wellen arbeiten ($\lambda \sim 10^{-10}$ cm, Röntgen- oder γ-Strahlen), um $\Delta\lambda$ in Abhängigkeit von ϑ genau bestimmen zu können; man erhält volle Übereinstimmung mit der rechnerischen Erwartung. Ebenso bezüglich der räumlichen Geschwindigkeitsverteilung und des Zusammenhanges von ϑ und φ bei ein und demselben Streuprozeß. — Auch dieser in jeder Hinsicht wie der Stoß zweier Elementarteilchen verlaufende Prozeß läßt sich mit dem klassischen Bild von der elektromagnetischen Welle, deren schwingendes elektrisches Feld am Elektron — und zwar am gebundenen im Falle a, am freien im Falle b — angreift,

nicht vereinen. Man beachte übrigens, daß trotz dem gesetz-
mäßigen Ablauf des Comptonstoßes der Prozeß doch insofern
indeterminiert (unbestimmbar) ist, als man von vornherein nicht
angeben kann, wie groß z. B. der Streuwinkel ϑ sein wird; erst
wenn ϑ oder φ experimentell bestimmt wurden, läßt sich alles
übrige aus (9, 10, 11) berechnen.

c) *Die Energiestufen des harmonischen Oszillators.* Die klassische
Lichtquelle ist ein im Atom harmonisch schwingendes Elektron;
dessen Energieverlust durch Strahlung kontinuierlich erfolgt und
eine Dämpfung der Schwingung
bedeutet. Abgesehen davon, daß
sich diese Anschauung nicht mit
dem diskontinuierlichen Charakter des atomaren Linienspektrums
vereinbaren läßt, tritt auch gemäß
dem Befund in a die ausgestrahlte
Energie in Quantenbeträgen $h\nu$
auf. Also muß auch im Atom
selbst die Energie stufenweise und
nicht kontinuierlich geändert werden. Dies wurde erstmalig (1900)
von Max Planck gefolgert, und
zwar aus der Temperaturabhän-
gigkeit der spektralen Energieverteilung in der Strahlung eines
„schwarzen", alle Farben gleichartig absorbierenden Körpers, der
auch bei der Emission der Strahlung keinerlei Körpermerkmale
aufprägt.[1] — Dieser Gedanke wurde (1907) von Einstein über-
nommen zur Erklärung des Verhaltens der spezifischen Wärmen
bei tiefer Temperatur: Auch die zur Rotation oder zur Schwingung von Molekülen gehörige Energie ist nur unstetig variabel
und kann bei den Temperaturstößen nur stufenweise geändert
werden.[2] Klassisch kommt nach I, 15 c und I, 28 (4, 5) zum
Beispiel einem harmonisch schwingenden Massenpunkt bei hinreichend kleiner Elongation die Schwingung $s = A \sin(\omega t)$ mit
der Kreisfrequenz

$$\omega = 2\pi\nu = \sqrt{f/m} \tag{12}$$

und die Energie

$$E = L + V = \frac{1}{2} m\,\omega^2\,A^2 = V_{\max} = L_{\max} \tag{13}$$

zu, wobei f die Federkraft, $V_{\max}$ die maximale potentielle Energie
(für $L = 0$, also im Umkehrpunkt) und $L_{\max}$ die maximale

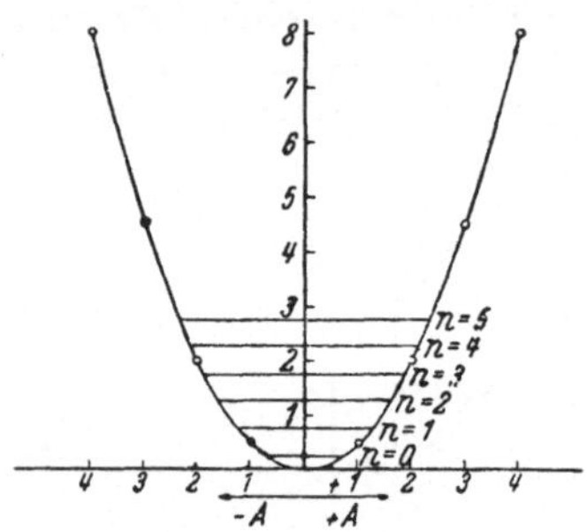

Abb. 35. Potentialkurve des harmonischen
Oszillators.

---

[1] Vergl. Optik-Band II, 10.
[2] Vergl. Wärme-Band III, 7 b und 8 e.

kinetische Energie (für $V = 0$, also beim Durchgang durch die Ruhelage) bedeutet. Dabei kann die Amplitude A und damit auch die Energie des Oszillators stetig variiert werden. Beim *elementaren* harmonischen Oszillator hingegen variiert die Energie und damit auch die Amplitude nur stufenweise, und zwar gilt:

$$E = \left(n + \frac{1}{2}\right) h \nu \text{ mit } n = 0, 1, 2, 3 \ldots \tag{14}$$

Abb. 35 veranschaulicht diese Verhältnisse. Setzt man in (13) $m \omega^2 = 1$, dann wird $V_{max} = \frac{1}{2} A^2$; man erhält für V als $f(A)$ die parabolische Kurve, die allerdings voraussetzungsgemäß nur für kleine Werte A gilt. Als rohes Bild kann man sich in dieser Potentialmulde eine Kugel hin- und herrollend vorstellen; nach (13) kann diese jeden beliebigen Wert von A und V (bzw. E) annehmen, nach der experimentell gesicherten Quantenphysik jedoch nur die durch die Beziehung (14) ausgezeichneten, durch horizontale Niveaulinien angedeuteten diskreten Werte. Dabei ist noch zu beachten, daß im klassischen Fall die Kugel auch in Ruhe ($V = 0$) sein darf, während nach (14) der tiefstmögliche Energiewert ($n = 0$) nicht Null, sondern $\frac{1}{2} h\nu$ beträgt. Das heißt, daß z. B. in einem zweiatomigen Molekül, etwa H_2, O_2 usw., selbst beim Fehlen jeder äußeren Anregung, also selbst beim absoluten Nullpunkt der Temperatur ($\vartheta = -273°$) die Atome noch in schwingender Bewegung sind und „Nullpunktsenergie" besitzen.

d) *Interferenzeffekte an Teilchenstrahlung.* L. DE BROGLIE hatte (1924) den kühnen Gedanken, die von EINSTEIN für Photonen aufgestellten Beziehungen (8) auf bewegte materielle Teilchen zu übertragen: Ebenso wie dem Photon die Lichtwelle zugeordnet ist, wird einem Materieteilchen mit der Masse m und der Geschwindigkeit v eine fiktive Phasenwelle zugeordnet. Dies wird in I, 37 näher ausgeführt. Hier sei vorweggenommen, daß die Wellenlänge dieser Phasenwelle bestimmt wird durch

$$\lambda = \frac{h}{G} \text{ mit } G \text{ (Impuls)} = \frac{m_0 \, v}{\sqrt{1 - v^2/c^2}}.$$

Angeregt durch diese Spekulation wurde bald darauf sowohl für Elektronen- als für Atomstrahlen experimentell nachgewiesen, daß bei entsprechender Wahl des Wertes für $m \, v$, von dem nach obigem die Wellenlänge abhängt, im Falle der Bestrahlung von Kristallgittern sowohl am reflektierten als am durchgelassenen Bündel völlig analoge Effekte festzustellen sind, wie bei der Verwendung von kurzwelligem Licht gleicher Wellenlänge. Und gerade die Aufklärung dieser Kristallgitterinterferenzen durch M. v. LAUE (1912) war es, die seinerzeit als ein Triumph der klassischen Wellenoptik gewertet wurde. Auch in quantitativer Hinsicht konnte DE BROGLIES Wellenlängenbeziehung bestätigt werden: Die Berechnung der Teilchenwellenlänge das eine Mal aus dem experimentell bestimmten Impuls, das andere Mal aus den Interferenzbildern durch Zurückführung auf die entsprechenden, mit Licht erhaltenen Figuren ergab in beiden Fällen denselben Wert.

Es existieren also zweifellos Effekte, die mit Sicherheit von Teilchen hervorgerufen werden, jedoch nur unter Zuhilfenahme des Wellenbegriffes erklärbar erscheinen: So wie die Strahlung zeigt auch die Materie duales Verhalten und benimmt sich so, wie wenn sie gleichzeitig Teilchen und Welle wäre.

37. Der Weg zur Wellenmechanik.

Die „Materiewelle" wurde von DE BROGLIE in folgender Art eingeführt: Mit jedem elementaren Teilchen sei ein Schwingungsvorgang verknüpft, und zwar nach denselben mathematischen Beziehungen, die zwischen den Lichtschwingungen und den elementaren Lichtquanten bestehen, welch letzteren ja nach 30 a, b gleichfalls Körpereigenschaften wie Masse, Impuls, Energie zugeschrieben werden müssen.

Einem kräftefreien ruhenden Mp $(v = 0)$ entspricht dann nach den grundlegenden Beziehungen 36 (4, 8) eine Frequenz:

$$\nu_0 = \frac{E_0}{h} = \frac{m_0 c^2}{h}. \tag{1}$$

Bewegt sich der Mp kräftefrei mit der x-Geschwindigkeit v, dann ist seine Frequenz für den mitbewegten (gestrichelten) Beobachter B' immer noch ν_0; für den nicht-mitbewegten Beobachter B geht jedoch die Schwingungsbewegung

$$\psi' = \psi_0 \sin \omega_0 \, t' \tag{2}$$

durch die Transformation 36 (1) über in

$$\psi = \psi_0 \sin \left(\frac{\omega_0}{\beta} \, t - \frac{\omega_0/\beta}{c^2/v} \, x \right) = \psi_0 \sin \left(\omega \, t - \frac{\omega}{u} \, x \right), \tag{3}$$

d. i. also eine dem bewegten Mp zugeordnete Welle mit der Kreisfrequenz ω und der Phasengeschwindigkeit u. Die Eigenschaften dieser hypothetischen Welle sind:

Frequenz aus (3 und 1):

$$\nu = \frac{\omega}{2 \pi} = \frac{\nu_0}{\beta} = \frac{h \nu_0}{h \beta} = \frac{E}{h}$$

mit

$$E = \frac{E_0}{\beta} = m_0\, c^2 + \frac{1}{2}\, m_0\, v^2 + \cdots \tag{4}$$

Wellenlänge (aus 3 und 4):

$$\lambda = \frac{u}{v} = \frac{c^2/v}{E_0/h\,\beta} \cdot \frac{m_0}{m_0} = \frac{m_0\,c^2}{E_0} \cdot \frac{h}{m_0\,v/\beta} = \frac{h}{G} \ \text{mit}\ G = \frac{m_0\,v}{\beta} \tag{5}$$

Phasengeschwindigkeit (aus 3, 4, 5):

$$u = c^2/v = E/G. \tag{6}$$

Gruppengeschwindigkeit (aus 3):

$$g = \frac{d\omega}{d\left(\dfrac{\omega}{u}\right)} = \frac{dv}{d\left(\dfrac{1}{\lambda}\right)} = \frac{dE}{dG} = v. \tag{7}$$

Die Phasengeschwindigkeit ist, da nach den Grundlagen der Relativitätstheorie v stets kleiner als c sein muß, eine Überlichtgeschwindigkeit. Für den ruhenden Mp ($v = 0$) ist $u = \infty$, d. h. die Welle hat überall die gleiche Phase entsprechend den Eigenschaften einer stehenden Schwingung. Da nach (5) v eine Funktion von λ ist, muß dies auch für u der Fall sein, d. h. die Materiewellen zeigen Dispersion. Infolgedessen ist die Gruppengeschwindigkeit g von der Phasengeschwindigkeit u verschieden und nach (7) gleich der Teilchengeschwindigkeit v; nach (6) und (7) gilt $g \cdot u = c^2$. Den bewegten Massenpunkt begleitet die Wellengruppe, während die Phasenwelle ihm vorauseilt.

Den zweiten entscheidenden Schritt auf dem Weg zur Wellenmechanik verdankt man E. SCHRÖDINGER (1926), der den Einfluß eines räumlich veränderlichen Potentialfeldes auf Elektronenwellen berücksichtigte, also von der wellenmäßigen Behandlung kräftefreier Teilchen überging zu dem allen mikrophysikalischen Problemen zugrunde liegenden Fall von nicht-kräftefreien, gebundenen Teilchen. Richtungweisend waren dabei gewisse Analogien in der Entwicklungsgeschichte von Optik und Mechanik, die sich besonders klar formulieren lassen mit Hilfe der Materiewelle:

Auf optischem Gebiet stand die Feststellung der Geradlinigkeit des Lichtstrahles an der Spitze der Erkenntnis. Sie wurde in NEWTONS Emissionstheorie auf die geradlinige Fortbewegung von im einzelnen nicht faßbaren Lichtteilchen zurückgeführt. Als immer mehr Erfahrungen über die Fähigkeit des Lichtes zur Beugung und Interferenz gesammelt wurden, mußte die Emissionstheorie der HUYGENSschen Wellentheorie weichen. In dieser ist Beugung und Interferenz das normale Verhalten von Wellen, während die Begriffe Strahl und Geradlinigkeit erst abgeleitet werden müssen. In I, 35 b, c wurde gezeigt, wie man erstens mit Hilfe der Interferenzwirkung der FRESNELschen Zonen dann zum Strahl*begriff* kommt, wenn die Wellenlänge hinreichend klein ist gegenüber den die freie Wellenausbreitung störenden Hindernissen (symbolische Darstellung $\lambda \ll d$) und wie man zweitens den Strahlen*gang* gleichfalls wellenmäßig, nämlich mit Hilfe des FERMATschen Prinzips bestimmen kann. Damit ist gezeigt, daß die geometrische oder „Strahlenoptik", bis dahin das wichtigste Anwendungsgebiet der Emissionstheorie, ihre Sonderstellung ganz bestimmten Versuchsbedingungen verdankt, bei deren Vorliegen die strenge wellentheoretische Behandlung des Problems ersetzt werden kann durch die Erfüllung einer Extremwertbedingung bzw. durch die daraus ableitbaren „Axiome der geometrischen Optik". Das FERMATsche Prinzip bildet so die Nahtstelle zwischen Strahlen- und Wellenoptik nach folgendem Schema:

$$d \gg \lambda \qquad\qquad \text{Fermat} \qquad\qquad d \sim \lambda$$

geometrische (oder
Strahlen-) Optik $\;\rightarrow\; \delta \int \dfrac{ds}{c} = 0 \;\leftarrow\;$ Wellenoptik $\left(\varDelta s = \dfrac{1}{u^2}\dfrac{d^2 s}{dt^2}\right).$

Ganz analog liegen nun die Verhältnisse in der Mechanik. An der Spitze der Erkenntnis steht wieder die Makromechanik mit ihrem im einzelnen nicht erfaßbaren, im Falle der Störungsfreiheit geradlinig bewegten Massenpunkt. Die Axiome der Mechanik lassen sich ableiten aus dem MAUPERTUISschen Extremwertprinzip (I, 17, 3′), das schon in der ursprünglichen Form $\delta \int v \, ds = 0$ eine gewisse Ähnlichkeit mit dem FERMATschen Prinzip aufweist. Ordnet man dem Teilchen nach DE BROGLIEs Vorgang eine Welle zu, so wird durch den Ersatz der Teilchengeschwindigkeit v durch die Phasengeschwindigkeit u nicht nur die äußere Ähnlichkeit wesentlich erhöht, sondern man erkennt auch, daß die nun $\delta \int \dfrac{ds}{u} = 0$ lautende Extremwertbedingung als ein Wellenprinzip aufgefaßt werden kann, ganz ebenso wie dies beim FERMATschen Prinzip kraft seiner Ableitung stets der Fall war. Nimmt man noch dazu, daß in der Makromechanik als ungefähre untere Grenze der bewegten Massen größenordnungsmäßig etwa $10^{-6}\,g$, in der Mikromechanik dagegen $10^{-27}\,g$ (Elektronenruhmasse) angesehen werden kann und die zugehörigen DE BROGLIEschen Grenzwellenlängen nach (5) $\sim 10^{-20}\,\dfrac{1}{v}$ bzw. $10\,\dfrac{1}{v}$ sind, dann erhält man für die Mechanik die folgende Formulierung des zur Optik analogen Schemas:

$$m_0 > 10^{-6}\,g;\ \lambda < 10^{-20}\,\frac{1}{v} \qquad \text{Maupertuis} \qquad m_0 > 10^{-27}\,g;\ \lambda < 10\,\frac{1}{v}$$

$$\text{Makromechanik} \ \rightarrow \ \delta \int \frac{ds}{u} = 0 \ \leftarrow \ \text{Mikromechanik.}$$

Wenn nun, wie die Erfahrung zeigt, die klassische Mechanik bzw. das ihr zugrunde liegende MAUPERTUISsche Prinzip versagt bei dem Versuch, mikromechanisches Geschehen zu beschreiben, so liegt die Erwartung nahe, daß eine solche Beschreibung gelingen müsse, wenn statt des für die mikromechanischen Versuchsbedingungen nicht mehr zuständigen Extremwertprinzips die für das Gebiet langer Wellen zuständige streng wellenmäßige Behandlung der Probleme, also die Differentialgleichung der Welle als Ausgangspunkt verwendet wird. Diese Erwartung hat sich in so reichlichem Maße erfüllt und das von SCHRÖDINGER geschaffene mathematische Instrument der „Wellenmechanik" hat sich im Bereich des atomaren Geschehens als so machtvoll erwiesen, daß es aus der theoretischen Ausrüstung des Atomphysikers kaum mehr wegzudenken ist. Es findet seine Formulierung in der Wellengleichung, welche die verschiedenen in einem gegebenen äußeren Kraftfeld zulässigen Schwingungsvorgänge bestimmt.

Die für beliebige Wellenvorgänge charakteristische Gestalt der Differentialgleichung einer dreidimensionalen Welle ist durch I, 32 (10) gegeben; wird, wie dies in der Atommechanik üblich ist, der „Zustand" im Wellenfeld durch den Buchstaben ψ gekennzeichnet, dann lautet diese Differentialgleichung:

$$\Delta\psi = \frac{1}{u^2}\,\frac{d^2\psi}{dt^2}. \tag{8}$$

Angenommen, es handle sich um zeitlich harmonische Vorgänge, dann gilt nach I, 32 (8) $\frac{d^2\psi}{dt^2} = -\omega^2\psi$ und (8) geht über in die sog. „Amplitudengleichung":

$$\Delta\psi = -\frac{\omega^2}{u^2}\,\psi = -\frac{4\,\pi^2}{\lambda^2}\,\psi. \tag{9}$$

Man setze nun mit (5):

$$\frac{4\,\pi^2}{\lambda^2} = \frac{4\,\pi^2 G^2}{h^2} = \frac{4\,\pi^2 m^2 v^2}{h^2} = \frac{8\,\pi^2 m}{h^2}\cdot\frac{m\,v^2}{2} = \frac{8\,\pi^2 m}{h^2}\,(E-V) \tag{10}$$

und erhält die SCHRÖDINGER-Gleichung in ihrer zeitunabhängigen Form:

$$\Delta\psi + \frac{8\,\pi^2 m}{h^2}\,(E-V)\,\psi = 0. \tag{11}$$

Dabei ist E die Gesamtenergie $(E = L + V)$; V ist die potentielle Energie, die das Kraftfeld bestimmt, in dem die Welle verläuft.

Ist $V = 0$ (kräftefrei bewegter Massenpunkt), dann ist der Faktor von ψ konstant und (11) ist für jeden beliebigen Wert von E lösbar: Die kräftefreie Bewegung des Mp ist nicht „gequantelt". Ist jedoch $V \neq 0$, dann hat man es mit einer Randwertaufgabe zu tun, von der in I, 34 c gezeigt wurde, daß Lösungen von (11) nur für diskrete „Eigenwerte" (hier von E) möglich sind, die z. B. im dreidimensionalen Fall (drei Freiheitsgrade) durch drei Mannigfaltigkeiten von ganzen Zahlen (Quantenzahlen) bestimmt werden. „Quantisierung als Eigenwertproblem" betitelte SCHRÖDINGER seine grundlegenden Arbeiten; während in der früheren Quantenphysik der unabweislichen Forderung nach Auszeichnung diskreter Energie*stufen* der atomaren Systeme durch ad hoc eingeführte Quanten*postulate* Rechnung getragen werden mußte, ergeben sich die Quantenzahlen in der Wellenmechanik als natürliche mathematische Folgerung aus den ebenfalls unabweislichen Annahmen über die Welleneigenschaften der materiellen Teilchen. Daß überdies die so gewonnenen Quantisierungsvorschriften in einigen Fällen von den früheren abweichen und dabei stets eine Verbesserung der Anpassung an die Erfahrung erzielen, sei nur nebenbei bemerkt.

Über den physikalischen Sinn des Begriffes Materiewelle, also z. B. über die Beantwortung der Frage, was denn eigentlich dabei schwingt, kann man derzeit keine Aussage machen. Es handelt sich dabei um ein nicht anschaulich zu machendes Modell, dessen mathematische Konsequenzen eine nach den bisherigen Erfahrungen stets richtige Anleitung zur Beschreibung des mikrophysikalischen Geschehens liefern. Bezüglich der Bedeutung der „Zustandsgröße" ψ ist dabei lediglich die Festsetzung zu treffen, daß analog zu den in I, 36 (7a) geschilderten Verhältnissen das Amplitudenquadrat ψ^2 ein Maß für die mittlere Teilchendichte sein soll. Man kann also auch von einer „Wahrscheinlichkeitswelle" sprechen, insofern für jene Stellen des Wellenfeldes, an denen ψ groß ist, Wahrscheinlichkeit besteht, ein Teilchen anzutreffen. Die Überlagerung solcher Wahrscheinlichkeitswellen führt so zur Verstärkung, Abschwächung oder Vernichtung der Wahrscheinlichkeit (also von ψ^2), Teilchen an bestimmten Orten vorzufinden. Die Materiewellen liefern den mathematischen Apparat zur Ermittlung der örtlichen und zeitlichen Teilchenverteilung, wobei allerdings stets nur Wahrscheinlichkeitsaussagen resultieren.

In unmittelbarem Zusammenhang mit dieser Auslegung der Materiewelle steht die folgende, in erkenntnistheoretischer Hinsicht schwerwiegende Folgerung: Der Ort des Teilchens ist nach obigem innerhalb einer Wellengruppe mit von Null hinreichend verschiedener Amplitude zu suchen; er ist somit nicht genau bestimmt, kann vielmehr irgendein Punkt innerhalb dieser Gruppe sein. Die Ausdehnung[1] einer solchen Gruppe ist nach I, 34 (6) gegeben durch $\dfrac{1}{\dfrac{1}{\lambda_1} - \dfrac{1}{\lambda_2}} = \dfrac{\lambda^2}{d\lambda}$. Eine Erwartung bezüglich des Ortes kann somit nur unscharf und nur innerhalb der Fehlergrenzen

$$dx \geqq \frac{\lambda^2}{d\lambda} \tag{12}$$

ausgesprochen werden. Anderseits ist nach (5) $G = \dfrac{h}{\lambda}$; somit ist der Fehler in der den Impuls betreffenden Erwartung gegeben durch

$$dG \geqq h\,\frac{d\lambda}{\lambda^2}. \tag{13}$$

Durch Multiplikation beider Ausdrücke erhält man

$$dx \cdot dG \geqq h. \tag{14}$$

Es ist dies die sog. HEISENBERGsche „Ungenauigkeitsbeziehung". Sie besagt, daß der gleichzeitigen Festsetzung von Ort und Impuls des Teilchens eine natürliche obere Grenze gesetzt ist, und zwar durch die atomare Universalgröße h, die der klassischen Mechanik ebenso wesensfremd ist wie die Lichtgeschwindigkeit c. Bestimmt man den Ort „genau" (also $dx = 0$), dann ist der Fehler in der Impulsbestimmung unendlich groß, und umgekehrt. Experimentell ist dies leicht einzusehen: Wollte man etwa den Ort eines Elektrons mit einem Übermikroskop genau festlegen, dann müßte man, um keine Beugungsscheibchen, sondern eine punktförmige Abbildung zu erhalten, außerordentlich kurzwelliges, also hochfrequentes Licht verwenden. Ist aber v groß, dann ist auch $h\,v$ und $h\,v/c$ groß und das Elektron erhält durch den Zusammenstoß mit dem abbildenden Licht einen derartig starken Rückstoß (I, 36 b), daß die Bestimmung seiner ursprünglichen Geschwindigkeit unmöglich wird. — Sind nun die Anfangsbedingungen eines mechanischen Problems (Lage und Impuls zur Zeit $t = 0$) nur ungenau bekannt, dann läßt sich auch über den weiteren Ab-

---

[1] Die „Ausdehnung der Gruppe", d. i. ihre halbe „Wellenlänge" $\lambda/2$, ist durch den Faktor von x in (6) I, 34 bestimmt durch:

$$\frac{2\,\pi}{\lambda} = \frac{1}{2}\left(\frac{\omega_1}{u_1} - \frac{\omega_2}{u_2}\right) = \frac{1}{2}\left(\frac{2\,\pi}{\lambda_1} - \frac{2\,\pi}{\lambda_2}\right),$$

so daß für $\lambda/2$ obige Formel folgt.

lauf des Geschehens nur eine ungenaue Voraussage machen. In diesem Sinne sind die Elementarprozesse „nicht-determiniert" (vgl. I, 36 b).

Eine Aufklärung des dualen Verhaltens der Materie bringt die Wellenmechanik trotz ihrer hohen praktischen Leistungsfähigkeit nicht; sie lehrt, wie die Erkenntnis „sowohl Teilchen als Welle", die an die Stelle der früheren Auffassung „entweder Teilchen oder Welle" getreten ist, mathematisch auszuwerten ist. Eine einigermaßen anschauliche Modellvorstellung, die diesen gegensätzlichen Erscheinungsformen gerecht wird, ist derzeit nicht vorhanden. Es ist recht gut möglich, daß in diesem Falle Anschaulichkeit durch Zurückführung auf gewohnte Vorstellungen überhaupt nicht erwartet werden darf, daß sie vielmehr, wie bei anderen primären Erfahrungen, erst durch Gewöhnung erreicht wird.

Noch ungeklärter liegen die Verhältnisse in der Optik. Zwar kann man das Photon als Grenzfall eines mit Lichtgeschwindigkeit bewegten Teilchens ansehen, das wegen $v = c$ und $m_0 = m \sqrt{1 - v^2/c^2}$ die Ruhmasse $m_0 = 0$ hat und somit *nur* im bewegten Zustand überhaupt existiert; das Auftreten des Photons in Zeit und Raum kann wieder durch interferenzfähige Wahrscheinlichkeitswellen, als welche man jetzt die elektromagnetische Lichtwelle zu interpretieren hätte, bestimmt werden. Wenngleich man auf diese Art den Großteil der optischen Erfahrungen einheitlich und richtig beschreiben kann, so ist damit dem Verständnis selbst nur wenig gedient. Zumal im Falle des Lichtes die Polarisationserscheinungen sowie der stetige Übergang vom elektromagnetischen Wechselfeld zum statischen elektrischen und magnetischen Feld auch die formalen Schwierigkeiten beträchtlich erhöht. (Vergl. Optik-Band II, 1 d und 27 c.)

Namen- und Sachverzeichnis.

Abplattung der Erde 27.
Abschließendes Gebilde 6.
Absolute Zeit 7.
Absoluter Raum 7.
Absorption von Kraftwirkungen 27, 38.
— von Strahlung als Elementarvorgang 89.
— von Wellen 65,.
Achsen, freie 49, 55.
— des Trägheitsellipsoides 49.
Actio in distans 27, 38.
— = Reactio 18, 37.
Additionstheorem der Geschwindigkeit 8, 11.
Äquipotentialfläche 30.
Äquivalenz von Masse und Energie 13, 88.
Äquivalenzprinzip EINSTEINS 16.
Ätherdrift 10.
D'ALEMBERTS Prinzip 40.
— Trägheitskraft 19, 37, 40.
Amplitude der erzwungenen Schwingung 61.
— der gedämpften Schwingung 59.
— und Wellenenergie 66, 68, 90.
Amplitudengleichung SCHRÖDINGERS 97.
Analyse, harmonische 78, 80.
Angriffslinie 43, 47.
Anharmonische Schwingung 36.
Antrieb 20.
Aperiodische Schwingung 59.
Arbeit, Einheit, s. Erg.
Atomenergie 14.
Ausbreitungsgeschwindigkeit von Kraftwirkungen 27.
Axiome der EUKLIDischen Geometrie 6.
— der geometrischen Optik 96.
— der Mechanik 17, 39.

Ballistische Kurve 29.
Bauch der stehenden Schwingung 76.
Beharrungsvermögen s. Trägheitsprinzip.
BERNOULLIS Prinzip 40.
Beugung von Wellen 86, 95.
Bewegungsgleichungen 39.
Bewegungsgröße s. Impuls.
Bezugssystem 4, 7, 9, 16, 37.
Bindungsenergie der Kerne 14.
Brechung von Wellen 82.
Brechungsgesetz 82, 87.
Brechungsquotient (-index, -zahl) 67.
Breite der Spektrallinien 73.
DE BROGLIE 93.

CAVENDISH 26.
CGS-System 1.
COMPTON-Effekt 90.
CORIOLIS-Kraft 16, 38.

Dämpfung 58, 65.
Dekrement, logarithmisches 59.
Dichte der Erde 28.
Dielektrizitätskonstante 66.
Differentialprinzipien 40.
Dimensionszahl des Raumes 5.
Direktionskraft 32.
Dispersion der Phasengeschwindigkeit 64, 80, 95.
Doppelbrechung 68.
DOPPLER-Effekt 69, 80.
Drall s. Drehimpuls.
Drehachse, freie 49, 55.
Drehbewegung 45.
Drehimpuls 49.
Drehmasse s. Trägheitsmoment.
Drehmoment 46.
Drehsinn 24, 46.
Drehstoß 51.
Dyn 1, 18.

Duales Verhalten von Strahlung und Materie 87.

Ebbe 28.
Ebene Welle 63.
Ebener Raum 6.
Eigenfunktion 78.
Eigenschwingung 61.
Eigenwerte 78, 98.
Einfache Maschinen 2, 31.
EINSTEIN 10, 16.
Elastische Kräfte 25, 31.
Elementarwellen HUYGENSsche, 81.
Elliptische Bahnen 25, 31.
— Polarisation 67.
— Schwingung 31, 36.
Emissionstheorie des Lichtes 95.
Energie-Äquivalent der Masse 5, 13, 88.
—-Dichte im Wellenfeld 66.
—, kinetische 21, 52, 58.
— des Photons 90.
—, potentielle 21, 29, 58.
—-Prinzip 21, 39, 58.
—-Übertragung durch Wellen bzw. Teilchen 62, 66, 90.
Erde, Abplattung 27.
—, Bewegung 7, 27.
—, Masse und Dichte 26, 28.
—, Potential 29.
Erdbebenwellen 28.
Erg 1, 21.
Erhaltungssätze 17, 24, 25, 39, 43, 50, 91.
Erzwungene Schwingung 60.
EUKLIDische Geometrie 6.
EULERsche Gleichungen 53.
Expansion des Weltalls 73.

Fall, freier 27, 29.
Federkraft 32.
Feldbegriff, Feldkräfte, Feldstärke 30.
FERMATs Prinzip 86, 96.
Fernwirkung 27, 38.
FIZEAUs Mitführungsversuch 10, 11.
Flächengeschwindigkeit 23.
Flächensatz 24, 25, 39.
Fliehkraft s. Zentrifugalkraft.
Flut 28.
Fortpflanzungsgeschwindigkeit von Wellen 64, 66.
FOUCAULTs Pendelversuch 38.
FOURIER-Analyse 78, 80.
Freie Achsen 49, 55.

Freier Vektor 47.
Freiheitsgrad 41, 78, 98.
Frequenz der periodischen Bewegung 32, 58, 64.
— der Materieteilchen 94.
FRESNEL-HUYGENSsches Prinzip 83.

GALILEI-Transformation 8, 11, 71.
Gangunterschied von Wellen 74.
Geodätische Linie 16.
Geometrie, Euklidische 6.
—, RIEMANNsche 16.
Geometrische Länge und Zeitdauer 11.
Gezeiten 28.
Gleichgewicht 40.
Gleichzeitigkeit 12.
Gramm-Masse und -gewicht (g, g*) 1.
Gravitation, Feld 26.
—, Gesetz 3, 25, 26.
—, Konstante 3, 26.
—, Potential 30.
— als Scheinkraft 17, 38.
Grundgebiet 77.
Gruppe 79.
—, Geschwindigkeit 64, 79, 95.
—, Materiewelle 94, 99.

HAMILTONS Prinzip 41.
Harmonische Analyse 78, 81.
— Schwingung 34, 92.
Harmonisches Kraftgesetz s. HOOKE.
Hauptträgheitsachsen 49.
Hauptträgheitsmomente 49.
HEISENBERG, Ungenauigkeitsbeziehung 99.
HERTZ (Frequenzeinheit Hz) 32.
Homogenität des Feldes 31.
— des Raumes 6.
HOOKEs Gesetz 32, 36, 57, 73.
HUYGENS Prinzip 81.

Impuls 3, 17.
— des Photons 91.
Impulsmoment 23.
Impulssätze 24, 39, 43.
Indeterminiertheit s. Unbestimmtheit.
Inertialsystem 7.
Inkohärenz von Wellen 75.
Innere Kräfte 41.
Interferenz 73, 83, 93.
Interstellarer Raum 9.
Integralprinzipien 40.

Intensität von Teilchenstrahlung 90, 98.
— von Wellenstrahlung 66.
Invarianz der Naturgesetze 4, 9, 13.
Isotropie des Raumes 6.

Kegelpendel 31.
KEPLERS Gesetze 17, 25, 26, 28.
Kilopond 1.
Kinematische Zeit- und Weglänge 11.
KIRCHHOFF 83.
Klang 78.
Knotenpunkte, -linien, -flächen 76, 78.
Kohärenz von Wellen 74.
Komponentenzerlegung 18, 33.
Konservative Systeme 21, 25, 58, 66.
Koordinatensysteme 19.
Korrespondenzprinzip 88.
Kraft, Angriffslinie 43.
—, innere, äußere 41.
—, rücktreibende 32, 57.
Kraftdefinition 3, 18.
Krafteinheit s. Dyn.
Kraftfeld 27.
Kraftpaar 44.
Kreisbewegung 20.
Kreisfrequenz 33, 58, 64.
Kreispendel 32.
Kreisel 55.
Kristallgitter-Interferenz 94.
Krümmung, Maß 6.
— des Raumes 6.
Krummlinige Bewegung 18.
Kugelkreisel 55.
Kugelwelle 9, 11, 63, 68.

Lagerbeanspruchung 47.
LAGRANGE 40.
Länge, geometrische kinematische 11.
LAPLACEscher Operator 68.
LAUE 94.
Leistung, Einheit, s. Watt, Pferdestärke.
Lichtäther 9, 81.
Lichtelektrischer Effekt 89.
Licht, Kugelwelle 9, 11.
—, Quanten 90.
Linearpolarisation 67.
Linienflüchtigkeit 47.
Linienelement 15.
Logarithmisches Dekrement 59.

Longitudinale Masse 5, 13.
— Welle 62, 65.
LORENTZ-Transformation 10, 72, 88.

Maschinen, einfache 2, 31.
Maßsystem, absolutes und technisches 1.
Masse, Definition 4, 13.
—, Einheiten 1.
—, Energieäquivalent 5, 13, 88.
— der Erde 26, 28.
—, longitudinale 5, 13.
— des Photons 91.
—, relativistische 5, 13, 88.
—, schwere und träge 4, 16, 27, 32.
—, transversale 5, 13.
Massendefekt 14.
Massenmittelpunkt 42.
Massenpunkt (Mp.) 17, 88, 94.
Materiewelle 94, 98.
MAUPERTUIS-Prinzip 40, 87, 96.
MAXWELLsche Beziehung 67.
Mechanik, physikalische und technische 3.
Merkur, Periheldrehung 17.
Meter 1.
Meteorite 28.
Metrik im gekrümmten Raum 16.
MICHELSON-Versuch 9.
Mikromechanik 96.
Minimalprinzipien 17, 40, 86.
MINKOWSKIS vierdimensionale Welt 14, 16.
Mitführung des Lichts 10, 11.
MOIVRES Formel 57.
Momente von Kräften und Impulsen 22, 23, 47, 49.
Mondbewegung 29.
Monochromatische Welle 73.
Mp. s. Massenpunkt.

Natürliche Koordinaten 20.
NEWTON, Axiome 3, 17.
—, Gravitationsgesetz 3, 26.
Nippflut 28.
Niveaufläche 30.
Normalbeschleunigung 5, 13, 18, 20.
Nullpunktsenergie 93.

Oberflächenwellen 80.
Obertöne 77.
Oktave 77.
Optische Weglänge 87.
Ortszeit 12.

Ostablenkung 28, 29, 38.
Oszillator, harmonischer 92.
—, Quanten- 93.

Parallelogrammsatz 18, 56.
Passatwind 38.
Pendel, erzwungenes 60.
—, FOUCAULTsches 38.
—, freies 56.
—, gedämpftes 58.
—, mathematisches 57.
—, physisches 57.
Perihelbewegung d. Merkur 17.
Periodische Bewegung 25, 29, 32, 56.
Permeabilität 66.
Pferdestärke 2.
Phase der Schwingung 33, 64, 74.
Phasengeschwindigkeit der Teilchen-
    welle 95.
— der Welle 64.
Phasensprung bei Reflexion 76.
Phasenverschiebung bei erzwungener
    Schwingung 61.
Phasenwinkel 63.
Photon 90, 100.
PLANCKS Wirkungsquantum 41, 90,
    92.
Planetenbewegung 17, 25, 26, 28.
Polarachse 22.
Polarisation von Transversalwellen
    67.
Polarkoordinaten 22.
Pond 1.
Ponderable Körper 3.
Potentialfläche s. Äquipotential-
    fläche.
Potentialfunktion 25.
Potentialgefälle 25, 30.
Präzessionsbewegung 56.
Prinzipien der Mechanik 39.
— der Wellenlehre 81.
Pseudosphärischer Raum 6.
Punktsystem 41.

Quantenphysik 78, 88, 98.
Quantenzahlen 78, 98.
Quantisierung als Eigenwertproblem
    98.
Quasielastische Kraft 25.

Randwertaufgaben 39, 75, 98.
Raum 5, 7.
Reduktionssatz 48.
Reflexion von Wellen 76.

Reflexionsgesetz 83, 87.
Reibungskräfte 58.
Relativitätstheorie 3, 7, 9, 11, 16.
Resonanz (-breite, -kurven, -nenner)
    61.
Reziprozitätsgesetz 56.
Richtkraft 32.
Rotationsbewegung 44, 52.
Ruhmasse m_0 5, 13, 88.
Rücktreibende Kraft 32, 57, 66.

Saitenschwingung 77, 80.
Sattelfläche 6.
Schallgeschwindigkeit 66.
Schattenbildung 27, 83, 85.
Scheinkräfte 16, 27, 37.
SCHRÖDINGER 95, 97.
Schwebung 78.
Schwerefeld, s. Gravitationsfeld.
Schwere Masse 4, 16, 27, 32.
Schwerpunkt (Sp.) 42.
Schwerpunktsatz 39, 43.
Schwingung, aperiodische 59.
—, elliptische 31, 36.
—, erzwungene 60.
—, gedämpfte 58.
—, geradlinige 33, 36.
—, harmonische 34, 92.
—, ungedämpfte 56.
—, zirkulare 36.
—, Zusammensetzung 34.
Schwingungsdauer 32, 58, 64.
Schwingungsenergie 58, 92, 93.
Schwingungsfrequenz 32, 58, 64.
Sekunde 1.
DE SITTER 10.
Sonnenmasse 28.
Sp s. Schwerpunkt.
Spezifische Wärmen 92.
Sphärischer Raum 6.
Springflut 28.
Standpunktslehre 3.
Starrer Körper 17, 41.
Stehende Wellen 75, 95.
STEINERS Satz 48.
Stoß, elastischer 91.
Strahlbegriff 85, 96.
Strahlungsdruck 66.
Strahlungsenergie 62, 66, 90.
Streuung der Photonen 90.
Superposition von Schwingungen
    und Wellen 34, 73.
Systemzeit 12.

Tangentialbeschleunigung 5, 13, 18, 20.
Tensor 49.
Träge Masse 4, 16, 27, 32.
Trägheitsellipsoid 49.
Trägheitskräfte 16, 27, 37.
Trägheitsmoment 47.
—, polares, äquatoriales 55.
Trägheitsprinzip 17.
Trägheitswiderstand 4, 52.
Transformation der Koordinaten 8, 10, 15.
Translation 43.
Transversale Masse 5, 13.
— Welle 62, 67.

Unbestimmtheit 92, 99.
Unendlich kleine Schwingung 32, 57, 63.
Ungenauigkeitsrelation 99.
Urmaße 1.

Vektor, Drehimpuls- 24, 53.
—, freier 47.
—, Impuls- 21, 53.
—, Kraft- 18, 47, 53.
—, Moment- 24, 47, 53.
Virtuelle Verrückung 40.

Wahrscheinlichkeitswelle 98.
Watt 2.
Wegintegral der Kraft 21.
Wellen, ebene 63, 68.
—, elektromagnetische 62, 65, 67.
—, elliptisch polarisierte 67.
—, fortschreitende 65.

Wellen, kugelförmige 9, 11, 63, 68.
—, linear polarisierte 67.
—, longitudinale 62, 64.
—, mathematische 63.
—, stehende 75, 95.
—, transversale 62, 64.
Wellenfläche 82.
Wellengruppe 79.
Wellenlänge 63, 64, 93, 95.
Wellenmechanik 93, 94.
Wellenoptik 85, 94, 95, 96.
Welt, vierdimensionale 14, 16.
Weltlinie 16.
Winkelgeschwindigkeit, -beschleunigung 18, 20.
Wirkungsquantum 41, 89.
Wucht s. kinetische Energie.
Wurf 2, 29.

Zeit, absolute 7.
—, geometrische 11.
—, kinematische 11, 72.
—, Orts- 12.
—, System- 12.
Zeitintegral der Kraft 20, 21.
Zentralbewegung, -kräfte 24, 37.
Zentrifugalkraft 16, 20, 37.
Zentripetalkraft 20, 37.
Zirkulare Polarisation und Schwingung 36, 67.
Zonen, FRESNELsche 83, 96.
Zonenplatte 85.
Zusammenhang des Raumes 6.
Zwangsführung 39, 40.
Zylinderwelle 63.